大雾霾

中世纪以来的伦敦空气污染史

A History of Air Pollution in London Since Medieval Times

〔澳〕彼得·布林布尔科姆/著
启蒙编译所/译

上海社会科学院出版社
Shanghai Academy of Social Sciences Press

图书在版编目（CIP）数据

大雾霾：中世纪以来的伦敦空气污染史 / 〔澳〕布林布尔科姆著；启蒙编译所译. —上海：上海社会科学院出版社，2015

书名原文：The Big Smoke: A History of Air Pollution in London Since Medieval Times

ISBN 978-7-5520-1082-4

Ⅰ. ①大… Ⅱ. ①布… ②启… Ⅲ. ①空气污染－历史－研究－伦敦 Ⅳ. ①X51-095.61

中国版本图书馆 CIP 数据核字（2015）第 308683 号

Peter Brimblecombe
The Big Smoke: A History of Air Pollution in London Since Medieval Times
ISBN: 978-0-415-67203-0

上海市版权局著作权合同登记号：图字 09-2015-688

大雾霾：中世纪以来的伦敦空气污染史

著　　者：〔澳〕彼得·布林布尔科姆
译　　者：启蒙编译所
责任编辑：唐云松
出 版 人：缪宏才
出版发行：上海社会科学院出版社
　　　　　上海顺昌路 622 号　　邮编 200025
　　　　　电话总机 021-63315900　　销售热线 021-53063735
　　　　　http://www. sassp.org.cn　　E-mail: sassp@sass.org.cn
印　　刷：上海新文印刷厂
开　　本：890×1240 毫米　1/32 开
印　　张：9.5
插　　页：3
字　　数：186千字
版　　次：2016 年 1 月第 1 版　　2017年 3 月第 2 次印刷

ISBN 978-7-5520-1082-4/X·007　　定价：45.00 元

目　录

插图及其出处

A. 与 Malek, D. 编著的 *Residential Solid Fuels*, Oregon Graduate Centre, Beaverton, OR; 所用平面图来自 Craster, O. E. (1951) 'A medieval limekiln at Ogmore Castle, Glamorgan', *Arch. Camb.*, 101, 72。

出处: Strickland, A. (1875) 的 *Lives of the Queens of England* 中的一份维多利亚时期的雕刻复制件。取自萨瑟克斯郡(Sussex)贝克斯希尔(Bexhill)教堂中的一帧与她同时代绘制的油画玻璃窗。

出处: 根据布林布尔科姆, P. (1975) 的论文 'Industrial air pollution in thirteenth-century Britain' (*Weather*, 30, 388) 中的一份图表复制,有改动。

出处: 根据布林布尔科姆, P. (1975) 的论文 'Industrial air pollution in thirteenth-century Britain' (*Weather*, 30, 388) 中的一份图表复制,有改动,并添加了一些来自钱德勒(Chandler)的著作的内容,见 Chandler, T. J. (1965) *The Climate of London*, Hutchinson, London。

① 亨利三世的妻子,法国公主。——译者注

① 原文将 4.6 与 4.7 颠倒了,译者做了改正。——译者注

xii

① 原文为"17世纪",与图中年份不符,应该改为"18世纪"。——译者注

表格目录

致谢

谨此感谢一切因得知在那些"愉快的旧日"也存在着空气污染而吃惊地睁大了双眼的人们。正是因为这些人的兴趣,我才在所有这些年里坚持工作。我特别感谢休伯特·兰姆(Hubert Lamb)教授,他审阅了我一塌糊涂的初稿;感谢弗朗西斯·尼古拉斯(Frances Nicholas),她帮助我把初稿变成了更为令人满意的第二稿。在此之后,评阅人阿什比(Ashby)勋爵和詹姆斯·R. 休厄尔(James R. Swell)等人对本书的评论特别令我受益匪浅。我也要感谢打字员吉尔·纽汉姆(Jill Newham)、朱莉·福克斯(Julie Fox)、凯瑟琳·卢瑟福(Katherine Rutherford)、乔伊·利兹(Joy Leeds)和简·霍斯福尔(Jane Horsfall),由于她们的努力,我的手稿在文字处理机问世之前成功地变成了打字件。同样感谢巴赫和贝多芬,是他们的音乐让我在工作时间不那么枯燥无味。

本书作者与出版者感谢法伯与法伯有限公司,在他们的慨然允诺下,本书从戈文·威廉姆斯(Gwyn Williams)翻译的《自6世纪至1600年的威尔士诗歌》(*Welsh Poems: Sixth Century to 1600*)中的《绿色的峡谷森林》('Glyn Gynon Wood')中选用了二十行诗句。

1

历史与早期空气污染

1

历史就是垃圾![1]可以通过一个社会的下水道、垃圾堆、厕所、坟场或者烟囱看出这个社会的特征。人们通常认为,烟气和烟灰过于单薄精细,难以进行考古检测。历史学家通常会把一个柑橘放到鼻子前面仔细检查,但对跳蚤、浓烟、汗和粪便的注意则微乎其微。总有那么几个不虔诚的历史学家关注的是人类社会不那么体面的方面。他们仔细研究垃圾场里的内容,并通过中世纪的公共厕所观察人生,但我们的祖先污染空气的方式却通常无人问津。我本人既非历史学家,也不是虔诚的人物,于是我决定,要从后面的这一视角书写伦敦的历史。

这一题材可能并不像人们想象的那么困难,因为即便对于最为古老的社会来说,对环境造成形形色色的破坏也不是什么难事。他们污染大气和水体,摧毁大地,使动植物灭绝。

我们似乎可以原谅这种行为,因为他们所造成的改变的程度通常不大,当前有许多人在他们的行为中看到了某种单纯,这让他们的举动比那些城市化了的人们的举动更容易被容忍。而且,随着时间的流逝,过去时代中的环境破坏有许多已经成了今天的考古地点与娱乐场所。在诺福克郡(Norfolk)①,早期的矿业在塞特福德(Thetford)附近为我们留下了湖区和格兰姆斯(Grimes)史前燧石矿井。用不着特殊的教育,一个社会就可以学会如何破坏环境,但对于资源的关注经常是以宗教原则、道德或者禁忌的形式强加于人的。看来,通过消耗贫瘠的资源来维持环境的质量这一渴望并不一定是与生俱来的。确实存在着不少文明,它们强调人们的生活需要与环境和谐,但即使在诸如东方社会这样一些人们深切感受到这一点的地方,有关环境的意识也经常在物质的需要面前泯然无存。[2]

室内空气污染

最早的空气污染是通过何种方式发生的,这一点我们不难设想。小屋内的火焰产生的烟气在通过屋顶的孔洞排出之前会充斥整个室内空间。要想有效地排除烟气是很困难的,因为任何足够大、能够放走所有烟气的孔洞也同样会让雨水进入。早期民居为通风而安排的一些设计十分精妙[3],但大量的考古证据能够让我们确信,对于早期人类来说,室内污染肯定是一项相当麻烦的事情。

3

远古时期室内污染的最佳证据来自对于肺部组织的检查。这些组织是通过冰冻或者脱水风干保存下来的。冰冻通常是偶然造成的,但脱水风干或者说木乃伊化则经常是人们有意为之。

① 位于英格兰东部。——译者注

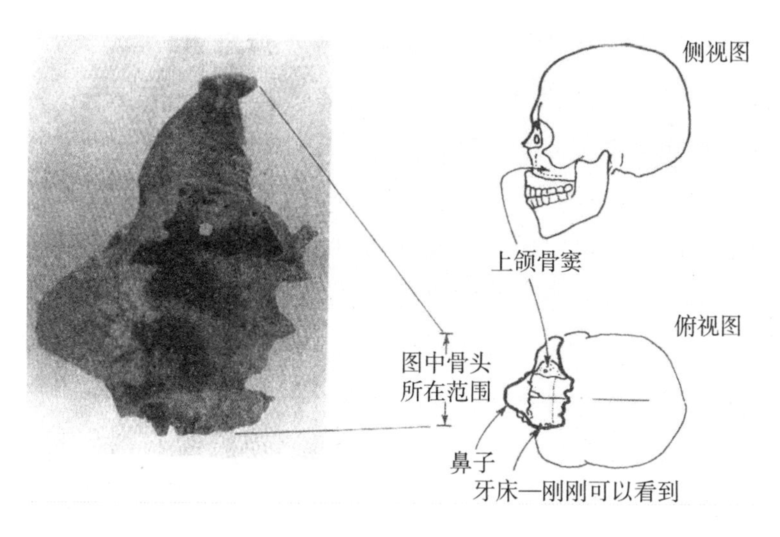

图 1.1 来自诺维奇的撒克逊晚期/中世纪早期头盖骨片段,以及标明上颌骨窦位置和头盖骨碎片所在位置的人类头盖骨草图

这两个过程出现在两种截然相反的极端气候之下,这一事实意味着,古病理研究者可以检查来自相当多种不同的种群的材料,无论这些尸体材料来自北极地区或者热带地区。由于长期暴露于带有烟气的内部环境而造成的肺部组织变黑,在古代尸体中是普遍存在的现象,而不是个别事例。肺部组织变黑的学名是炭末沉着症(anthracosis),它在有些古代组织中的情况十分严重,与暴露于煤末浮沉的空气中的 19 世纪煤矿工人的肺部组织情况相当[4]。轻微的炭末沉着或许对人没有什么伤害,但在更为严重的情况下,特别是当同时有持续与沙漠尘土接触的情况下,会导致矽肺病(silicosis)和一些肺功能损伤。对今天生活在偏远的新几内亚高原地带的社区人类的现代研究表明,长期暴露于烟气之中对居于陋室的人类的健康是有害的。[5]

我们无法得到来自古代英国的木乃伊化肺部组织样品，尽管有证据说明，在某些时期，早期英国人也受到室内污染作用的荼毒。已故的卡尔文·威尔斯(Calvin Wells)检查了来自英格兰工业化前的墓地中的大量人类头盖骨，并对记录一种上颌骨窦(maxillary sinus)[6](见图1.1)的疾病——鼻窦炎的发生率特别有兴趣。这一颌骨在鼻子附近，是人类骨头中许多填充空气的中空部分之一，它能让头盖骨的总重量变轻。在这一与鼻子相连的中空部分内连续排布着鼻膜。这一层分泌黏液的膜在鼻子或牙齿的感染扩散下可能会发炎。重复发生的炎症可能会破坏黏膜衬里的纤毛，从而让黏液积攒在颌骨内而不是通过通道进入鼻子而后排出。这种状况经常让患者感到非常不舒服，特别是在冬天的几个月内。慢性感染会影响鼻窦床上的骨头，让它变得粗糙，在严重的情况下还会出现麻点，如我们在图1.1中看到的情况。

人们可以使用现代医学仪器如关节内窥镜检查来自考古地点的头盖骨鼻窦床。关节内窥镜是一种光学装置，它可以在开口很小的情况下让人们能够拍摄孔洞内部的照片。因此，人们有可能确定某人是否罹患了鼻窦炎。对差不多4300份来自不同时期的头盖骨进行了这种检查，所得结果见图1.2。与盎格鲁-撒克逊时期①的高发生率相比，早期的鼻窦炎发病率低得惊人。[7]可能是因为盎格鲁—撒克逊时期人们的面部骨骼较为狭窄，这让他们的面部比更早期的人类的面部更易于受到感染；但更有可能的是，这一疾病因环境因素而有所加剧。

4

① 约410—1066年。——译者注

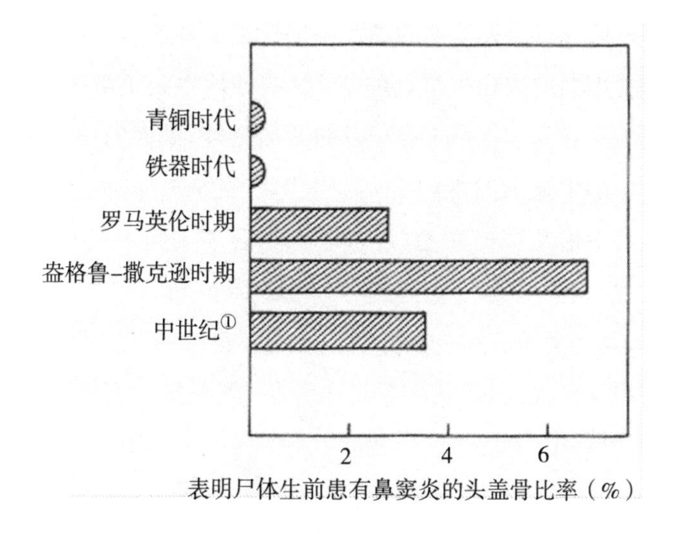

图 1.2 英国鼻窦炎在不同年代中的发病率

极端的干燥多尘土或极端的潮湿寒冷的气候似乎会造成较高的鼻窦炎发病率。与此相关的环境因素中特别重要的是居住条件。家居中不当的通风条件会让来自炉灶的烟气留在家中无法扩散。盎格鲁—撒克逊时期的人们发病率较高，原因很可能在于他们房屋的通风没有较早时期的铁器时代那么好，而在罗马英伦时期，人们更经常在室外做饭。同样也有气候方面的考虑：在第 6 世纪和第 7 世纪，甚至可能包括此后的第 8 世纪和第 9 世纪，天气都相当潮湿寒冷。这样的气候条件可能会提高鼻窦炎的发病率，但这也可能会保证人们有更多的时候会待在室内。因此，房屋的通风程度很有可能是一个特别重要的因素，它对该疾病在

① 罗马时期：公元前 43—公元 410 年；盎格鲁 - 撒克逊时期：约公元 410—1066 年；中世纪：公元 5—15 世纪。——译者注

盎格鲁—撒克逊时期早期的高发生率作出了贡献。

随着烟囱的应用发展，通风问题部分地得到了解决，尽管在16世纪晚期之前，除了贵族家庭的家居之外，烟囱的使用或许并不普遍。烟尘滚滚的烟囱直到今天都一直是个问题。有关这一课题的科学论文多如牛毛，许多名人如吉尔伯特·怀特（Gilbert White）、本杰明·富兰克林、拉姆福德（Rumford）伯爵和阿诺特（Arnott）医生等都曾对如何让我们的房屋免除烟气之苦这一难题进行过艰辛探索；就连文豪莎翁也曾说，解决这一问题之艰难犹

图1.3　即使有烟囱，它们或许也不会将其存在之所的中世纪建筑顶部弄干净

如对付疲惫的马匹或者抱怨的妻子。房屋的建造一直与某种仪式和某些迷信色彩相关。古时候,消除房屋冒烟之厄的咒语很可能非常时兴,这些咒语的痕迹甚至到了20世纪仍旧依稀可辨,虽说时至今日,其形式只是令我们感到颇具诗意。[8]

早期的市区污染

5

由上可以明显地看出,即使在最古老的时期,燃烧也在产生空气污染的问题上扮演了一个关键性的角色。在不存在大量人口聚居的城镇地区的情况下,如同盎格鲁—撒克逊时期的情况所表明的那样,空气污染一定会被限制在对房屋内部的污染范围之内。但即使在古希腊罗马时期,大城市也很可能会有它们自己的污染问题。古典作家似乎为这样的想法提供了一些支持。诗人贺拉斯说到了罗马建筑的黑化,在许多早期城市中这的确一定会成为一个问题。罗马皇帝尼禄(Nero)的老师塞内卡(Seneca)一生都因身体欠佳而苦恼,他的内科医师时常建议他离开罗马。他在大约公元61年给鲁基里乌斯(Lucilius)的一封信(《有关道德的信件,CIV》,*epistolae Morales CIV*)中说道,只要告别了罗马令人压抑的烟尘和烹饪的气味,他就会感到好一些。[9]

6

古代的城市不大,因而不可避免人满为患的困窘。城市的占地面积需要小,人口需要居住密集,这样才能缓解防务问题,才能让人员和运货车辆在城市边界之内的运动相对简单。在这样拥挤的状况下,来自小熔炉或者壁炉的烟气肯定会经常以较低的数

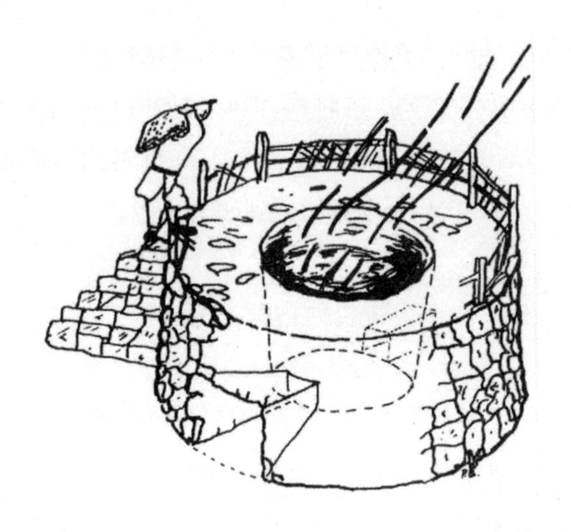

图 1.4　石灰窑是中世纪空气污染的一个主要来源

量放出，并让这些烟气飘逸到相邻的房子里去。在欧洲，中世纪城市经常以高层建筑为主。这些密集的建筑物之间的街道就会变成“峡谷”，因而很可能会把烟气和尘雾包裹起来使其无法扩散。人们开始并不关心早期烟囱的效率问题，它们不过是屋顶上的孔洞而已。即使对那些半工业化的设施来说情况也是如此，因为行业的工作场所经常是只经过了最简单的改装之后的普通房子，工匠们就在这样的房间里面进行工作。

在中世纪的伦敦，许多小规模的工业肯定需要某种热源：烤制面包需要烤炉，烧制砖瓦需要烧窑，金属加工业需要熔炉。尽管如此，城市对于燃料的工业需要肯定小于城市的民用需要，后者在冬天的用量会很大。今天，在发展程度较低的社会中，每人每年的木柴消费量大约可以定位为一吨。对于面包商、染匠、蜡烛制作商一类“作坊式”工业，其燃料的使用量仅仅稍微多于此量而已。要说到中世纪时期的燃料消费大户,我们就必须把目光投向与建筑材料生产有关的工业了,如生产陶瓷、瓦、玻璃、铁、钢和石灰等的工业。即使在这些工业当中,其中有一些的燃料用量也是相当小的。单个的一座熔炉的铁产量或许能轻而易举地达到每年几吨。与许多其他早期工业一样,炼铁厂很可能会坐落在一座森林里,那里可以就近获取木头,也可以远离那些可能对污染有所抱怨的城市居民。森林工业的产品坚固紧凑,这让它们相对容易运输出去。然而,对于石灰工业来说情况则并非如此。石灰的需求量非常大,因为它不仅可用作建筑用的灰浆,还有在农业上的用途,所以它对于中世纪的社会来说极为重要。

7

石灰是通过在石灰窑(见图 1.4)里高温煅烧石灰石(碳酸钙)生产的。这一过程将让石灰石发生分解反应,气体产物二氧化碳进入大气,留下的是固体产品石灰,即氧化钙。把石灰与水混合形成胶泥,这便是熟石灰,即氢氧化钙。传统上,烧制石灰是把石灰石与橡树柴放在一起煅烧。在征调令中,例如由亨利三世(Henry III)因 1253 年在威斯敏斯特区(Westminster)大兴土木而签发的征调令中,所需燃料就被明文规定为橡树柴。它以船运往建筑地点的石灰窑。事情变化得如此迅速,我们发现,只不过 11 年后,在一份类似的征调令中却规定了另外一种燃料:

此令发至伦敦各执行吏

1264 年 7 月 23 日

此令取代前令:着即发往伦敦市国王陛下海煤(seacoal)一船,发往温莎城堡国王磨坊磨石四块,以水路运往彼处,送交城堡治安官。不得迟延,不得有误。

所谓海煤(或称 carbonem marus),似乎是因为它在 13 世纪是通过海运来到英格兰沿岸的货物中心而得名的。海煤一定曾在该世纪初期在伦敦出现过,因为在 1228 年,伦敦就有一条街的名字叫作海煤巷①。[11]这条街的大致位置对今天的伦敦步行者来说还是很清楚的:老海煤巷和海煤巷都可以在路德门圆形广场(Ludgate Circus)附近找到。有关伦敦的这一地区在 13 世纪与海煤结缘的原因尚有诸多争论。人们时常假定,海煤是通过舰队河溯河而上运入,在海煤巷卸船,其中许多海煤作为燃料在附近的石灰窑巷就地燃为灰烬。这是一个十分吸引人的想法,因为路德门附近地区从罗马时期起就与石灰窑有关。尽管这一想法受到伊丽莎白时期的古文物研究家约翰·史杜威(John Stowe)②的支持,[12]但却有许多证据表明,煤是在其他地点卸载的。1236 年在卸载煤时溺毙的罗伯特·勒·珀图尔(Robert le Portour)死于泰晤士河而不是舰队河。[13]《白皮法典》(*Liber Albus*)是约翰·卡彭特(John Carpenter)③在伦敦市市长理查德·惠廷顿(Richard Whittington)④在世时根据以往

① 原文 Sacoles lane,Sacoles 的意思即“海煤”。——译者注

② 约翰·史杜威(1524 或 1525—1605),英格兰历史学、古文物学者。——译者注

③ 约翰·卡彭特(约 1372—1441 或 1442 年),《白皮法典》的编纂者,伦敦市政府职员。——译者注

④ 理查德·惠廷顿(约 1354—1423),商人,政治家,曾四次担任伦敦市市长。——译者注

文件编撰的,该法典提及:通过比林斯门(Billingsgate)的煤炭交纳的税款率为每1/2英担① 1/4便士。[14]看上去很有可能的是,13世纪的煤炭代理商与运煤船船长们进行交易的场所,是在离比林斯门不远的一个叫作罗马地(Romeland)的露天地点。[15]这可以让人更容易支持海煤巷是生活在伦敦的煤商们的居住地点这一观点,因为一位名叫威廉姆的普列西人1253年就住在那里。[16]尽管我们不容易确认海煤巷得名的真实缘由,但这个街名确实表明,向伦敦进口煤的历史开始得很早。

8

有关英格兰空气污染的事件出现的最早历史记录不在伦敦而是在诺丁汉。考虑这一情况,并指出人们对新燃料的最早反应是很有意思的。13世纪50年代,亨利三世开始修缮诺丁汉城堡。负责这一工程的城堡治安官罗伯特·勒·韦伐瑟(Robert le Vavasser)对于工程的管理极为失当。[17]后来韦伐瑟意外身亡,这凑巧让他逃脱了他的拙劣管理将会给他带来的严厉惩罚。尽管如此,亨利三世还是派遣波休尔修道院长(the Abbot of Pershore)和威廉姆·德·瓦尔特(William de Walton)前往调查。这次调查与随后的其他调查表明城堡需要进一步修缮。当埃莉诺王后于1257年夏天到访该城堡时,这一修缮很可能还在进行中。[18]她发现空气中充斥着的海盐气味恶臭难当,这使得她不得不离开诺丁汉城堡,前往特伯利(Tutbury)城堡调养身体。在早期评论中,人们对于污染损害健康的恐惧是显而易见的。类似的恐惧几乎在中世纪所有关于空气污染的抱怨中无所不在。

9

① 1英担在美国为50磅,英国为56磅,1磅约为454克。——译者注

图 1.5 普罗旺斯的埃莉诺(Eleanor)王后[1]心直口快、不讨人喜欢,她曾于 1257 年抱怨空气污染

这种恐惧如此引人注目,以至于我们必须问,为什么因煤的燃烧而放出的硫磺气味能让中世纪的人们想到烟尘有害健康呢?当然,人们很久以来就把难闻的气味与不健康的空气联系了起来。希腊人为从沼泽地里产生的有损健康的气味起了一个名字,叫瘴气(miasma)。我们今天还在使用这个词,但它现在的意思是有毒的或者带有传染病的大气。可以举出一些中世纪的人们害怕沼泽地的例子:由于温切斯特大教堂(Winchester Cathedral)原址周围形成了发散出不健康的难闻气体的沼泽,该教堂被迫

① 亨利三世的妻子,法国公主。——译者注

迁移地点；[19]而伦敦的舰队河臭气熏天，这让白衣修道院的僧侣们宣称，他们的一些修道士兄弟们被气味熏死了。[20]就是这一类在人们中普遍存在的有关疾病来源的感知，让人们自然而然地把燃煤产生的气味与空气污染对于健康的不良影响联系到了一起。

控制污染的早期尝试

在中世纪的伦敦，人们把源于燃煤的污染视为如此严重的一件事情，以至于官方在 1285 年成立了一个委员会对之进行调查。该委员会在 1288 年奉严令再度出山，以期找到解决问题的办法。[21]在四分之一个世纪的时间里，这个委员会的成员组成一直相当稳定，同样的名字出现在多份文件内。或许约翰·德·卡波哈姆(John de Cobbeham)或者拉尔夫·德·山德维奇(Ralph de Sandwich)这类官员是英格兰最早的空气污染问题专家。遗憾的是，他们考量对策的详细资料散佚了。然而，我们确实知道的是，1306 年的一次会议出台的一份公告禁止使用海煤，但在此后仅仅两个星期之后又进一步发出了另一份法律公告，这显然意味着，第一份公告基本上被人无视了。

今天，人们普遍相信，最早对抗这些空气污染法令的罪犯之一在 1307 年被绞死、受了酷刑或者被枭首，[22]尽管在著作中持如是说法的作者们没有一个能够给出有关这一事件的任何一级参考资料。即使在如此动荡的年月，这样严厉的惩罚似乎也不太可能。1306 年的公告建议对违令者课以重罚(grievous ransoms)。[23]

人们会猜测，这意味着罚款、搬走熔炉和没收工具等，因为这些就是当有人在路上非法设立石灰窑时通常会遭受的惩罚。[24]

今天的地方政府看上去在控制空气污染方面行动如此迟缓，因此，人们一定会对当年的伦敦市政府采取的烟气减排行为感到吃惊。而且，中世纪时期的城市环境质量如此低下，粪便与垃圾时常随便抛撒在街道上，想到这一点，这一行为就更加令人惊异不已了。然而，行政官员们十分关注保持城市市容，使其能向来访的重要客人展现魅力，而且在议会会议之前他们都会经常派人清扫不整洁的街道，以此鼓励尽可能多的富人离开他们的乡间寓所进入城市。这或许能够部分地解释市政府的行为；一些与空气污染有关的早期文件强调，空气污染会让来访的贵族和高级神职人员不高兴。造访城市的人们的一个特点就是，与那些一直生活在城市中因此已经习惯了受到污染的环境的人相比，他们很可能更容易注意到空气受到的污染，这一点甚至在今天也很明显。

10

对抗空气污染的反击之所以如此有力，或许可以归结为，这一反击事实上针对的只是范围相当狭窄的几部分人，而且人们在这之前就已经对这些人怨声载道了。这几部分人包括某几种商人和小产业主，他们能够影响中世纪伦敦的物价。那些屠户、面包师和酿酒师不但污染了水域，而且也是有关物价的抱怨指向的目标。石灰窑主需要对早期空气污染负责，他们也经常受到指控，说他们不公平地提高价格。许多运煤船主和一些石灰窑主是北方人，但这一事实丝毫无助于改善他们不受人欢迎的状况。

一个能够进一步反映公众歧视现象的特别有趣的案例,是由林肯伯爵亨利·雷希(Henry Lacy)1306年对圣殿骑士团(Knights Templar)提出的诉讼。[25]他指控他们通过建筑一座水力磨坊阻塞了舰队河。白衣修道院的修士也同样抱怨来自这条河上的臭气。1307年夏季,一个旨在研究如何清洁舰队河的委员会成立。即使在当时,立法者们也意识到,充斥河道的那些令人厌烦的垃圾,来源于史密斯菲尔德(Smithfield)市场上的屠户和制革工人向河流排放的牲畜下脚和鞣革废物。仅仅几年之前,一位名叫理查德·德·洪德斯洛维(Richard de Houndeslowe)的制革商就因污染空气令圣奥古斯丁修道会的修士们的生命健康遭到威胁,而被带到市长的法庭前受审。他发誓不再在伦敦市内给任何牲畜的尸体剥皮或把这些尸体抛入伦敦市内或市外的水沟内。

尽管事实上问题起源于河流中的排放,作为舰队河河口处的磨坊的主人,圣殿骑士团还是被裁定应对污染负责(见图1.6)。他们的磨坊无疑在某种程度上堵塞了河流的流动,但看上去很有可能的是,在这一事件中,人们博弈的赌注除了水的质量之外还有其他的东西。这个宗教修道会的财富和他们不受世俗当局控制的现状让他们成了许多人的眼中钉。1307年,人们对圣殿骑士团的迫害愈演愈烈,因为法王费力普四世(Philip IV)想要通过他们为自己的佛兰德战争(Flemish War)筹款。1312年在维耶诺大公会议上(the Council of Vienne)颁发的一项教皇诏书解散了上述宗教修道会。如果我们注意到这批人的极端不得人心,我们就可以很容易地认清这一早期案例的实质:它不过是打着关注环境问

11

题的旗号,以掩盖政治目的而已。

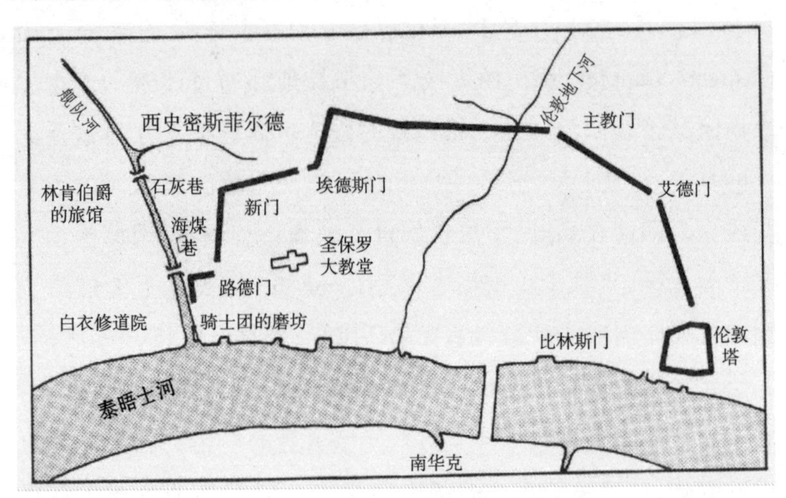

图 1.6　一份标明文中重要地点的大约公元 1300 年的伦敦地图

利用环境问题作为政治变革的一项工具的麻烦在于,这种方法时常无法造成环境质量的改善。在以上相关案例中,来自史密斯菲尔德和舰队河沿岸的废物和厕所污物还在继续向河中排放。1355 年,厕所和鞣革工业的污物排放造成的"对空气的污染"和令人憎恶的臭气还在造成进一步的问题。[26]在圣殿骑士团被解散后 500 年,直至查尔斯·狄更斯的年代,舰队河的污染仍然是一个问题。

当法庭和议会试图控制中世纪的伦敦市内空气污染的时候,与那个时期的典型生活的正常模式相比,它们的影响还是相当轻微的。这一点可以从引起市政官员注意的污染事件的季节性分布上看出(见图 1.7[b])。如果我们假设,针对空气污染的投诉数目与污染问题发生的频率相关,我们就可以假定,伦敦这个时候的污染主要是在夏天出现的问题。这种类型的季节分布表明，煤并不是用来进行家居取暖的，因为如同今天一样取暖装置的使用量应该在冬天取得峰值。

我们可以从13世纪的文件中看出，当时人们的投诉指向石灰工业，把它当作中世纪伦敦市内空气污染的主要来源。石灰生产的过程牵涉大量煤炭（数以千吨计）的燃烧，而与此相比，一个熔炉一年用的煤炭只不过区区一吨上下。因此，前面的结论与这种比较是一致的。比较13世纪的石灰产量与发生在首都的有关空气污染的投诉数目，二者显示了同样的季节性模式（见图1.7[a]）。诚然，图中使用的石灰产量数据来自1286年威尔士的哈立克古堡（Harlech Castle）修建时记录的资料，但伦敦的建筑工程状况与此应该没有多大差别。通过这些石灰用量所观察到的季节性分布是可以被预料到的，因为建筑物的施工是在夏天进行的。如果需要用煤，人们必须在初春从纽卡素尔（Newcastle）订货。当冬天白天变短，而且恶劣的气候让室外施工变得不容易时，修建建筑物的工作便不再进行。到了20世纪的伦敦，取暖在燃料消费上占有显著的比例，人们因此可以注意到污染水平在冬天出现的峰值（见图1.7[c]）。

12

并非所有有关空气污染的诉讼都与主要来源有关。相当普通的民众似乎也会向当局投诉。人们很快就意识到，污染可能会影响房屋的价值。例如，由14世纪伦敦排除妨害法庭审理的一个案子中就有这样的相关描述：

> 托马斯·扬和他的妻子爱丽丝投诉……铁匠铺的烟囱

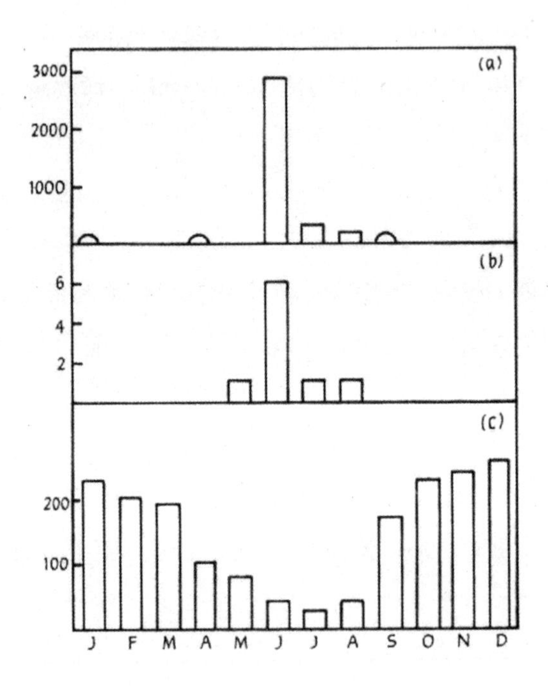

图 1.7 (a)13 世纪建筑工程用石灰的季节性用量与(b)空气污染事件的发生次数和(c)现代伦敦空气中烟气的浓度之间的比较

13 比应该有的高度矮 12 英尺①。当铁匠们用人称"奥斯蒙德"的大块锻铁制造"护胸甲"、"护腿甲"、"护臂甲"和盔甲的其他部件时,大锤的敲击震动了原告用石头和土垒成的房屋界墙,从而使原告房屋面临倒塌的危险,日夜打扰着他们及其仆人的生活,损坏了存放在地窖里的果酒与啤酒。铁匠铺的熔炉中使用的海煤形成的恶臭弥漫在原告的客厅和卧室中。

① 1 英尺 = 30.48 厘米。——译者注

其结果是,过去原告可以以每年交易执行价格 10 点(6 英镑 13 先令 4 便士)的租金出租房屋,而现在的租金只值 40 先令①。[27]

图 1.8 人们把早期环境污染的很大一部分原因归咎于铁匠

这个案例有可能与另外那桩涉及圣殿骑士团的案例一样,有关环境污染的诉罪只不过是为了赶走吵闹的邻人而采取的策略。

在这一案例中,受诉的盔甲铺匠人的答辩是很有趣的,因为这一答辩与今天许多小行业主会给出的答辩类似。盔甲匠人们声称他们是诚实的商人,应该允许他们在城市的任何地方改装他们的产业以符合他们工作的需要,并不受干扰地从事他们的生意。他们以如下理由对妨害诉罪进行抗辩:他们的熔炉很早以前

① 在英国钱币旧制中 12 先令为 1 镑,20 便士为 1 先令,直至 1961 年改用现在的币值,即 100 便士为 1 镑,先令不再存在。——译者注

就已经在现在的位置了,而受到烟气影响的房间是在此之后建筑的。[28]

尽管铁匠们(见图 1.8)确实只使用了少量煤炭,但人们对他们引起的环境妨害的反应却相当大。这种反应很大一部分是由噪音、灰尘和漫长的工作时间造成的。一份很有意思的中世纪讽刺小品记录了这一事实:

> 烟尘缭绕的铁匠,烟气中谈吐,让人听不清楚。
> 经他们努力制造而来的喧闹烦得我要死,
> 暗夜如此嘈杂为人闻所未闻
> 哪怕是流氓的吼叫和风箱的喧嚣!
> 弓着身子的阴谋者高喊:“添煤! 添煤!”
> 同时拉动风箱,直到脑袋差不多爆炸,
> “吹气,喷气”,一个人说道;“吹啊,喷啊”,另一个应和。
> 他们吐着口水,手足乱舞,编织着天花乱坠的故事,
> 他们咬牙切齿地憋足了气,呻吟着,
> 却始终不渝地挥动沉重的大锤,趁热打铁。
> 他们的围裙由牛皮制成,
> 他们的小腿戴着护套,不惧火星。
> 蛮力十足,对付着庞大的铁锤,
> 劲力十足地锤打敲击着钢件。
> “噼、叭、叮、嗒”,轮番轻敲。
> 哦,这种恐怖的喧嚣存在于魔王之角。
> 老师傅敲长了铁件,

14

随着可怕的鼻音，缠绕它们，扭曲它们，
“嚏、嗒、赫、哈、嚏咳、塔咳、嚏、嗒，
噼、叭、叮、嗒”。他们过的就是如此生活。
愿主惩罚这些马蹄掌的制造者，
他们让我们的衣服僵硬，摧毁了我们的美梦。[29]

对空气污染的控制

早期控制伦敦空气污染的尝试在多大程度上取得了成功呢？人们对此有许多把握不准的地方。地方政府直截了当地禁止使用海煤，这实际上是唯一有效的反应。或许他们也鼓励修建有效的或者高大的烟囱。而且，我们毕竟在刚刚讨论过的那宗伦敦妨害法庭案中看到，原告争辩说，盔甲制造匠的烟囱没有达到正常操作所要求的高度。今天的高烟囱政策是避免在大型发电厂附近产生局部污染的主要方法之一。高烟囱不但可以把污染物带到远远高于我们头顶的地方，它们还能够利用高处更为强劲的风。在停滞不动的条件下（人们称之为气团停滞状态下的稳定空气层能够让污染在近地水平固定不动）高耸的烟囱有时候能够突破这一层稳定的空气。但对于中世纪的烟囱来说，人们的主要考虑应该是保证把烟气从室内带走，让它们在足够高的地方排放，从而让邻近的房屋保持清洁。

在中世纪的英格兰，人们还探索过其他一些控制空气污染的途径。其中一个想法是为煤的使用设定限制。13 世纪，曾有一批铁匠建议限制熔炉的使用时间。[30]中世纪晚期的贝弗利

15

(Bevereley)①似乎实行了某种分区法规,让砖窑与城镇保持一定的距离,原因是砖窑会伤害果树。[31]

图1.9 英格兰的东罗马帝国皇帝爱德华一世最先倡导了一些最早的空气污染立法

很有可能的是,13世纪晚期和14世纪早期的立法没有起到多大作用。1307年的公告可能获得了部分成功,因为这些公告是

① 贝弗利是位于英格兰约克郡的一座市场城镇。——译者注

特别为控制烧海煤的石灰窑颁发的。在这一立法之后三年又一次出现了对烟气的投诉,但这次人们没有点明其中牵涉的是哪一种燃料。[32]在这些投诉中,人们只是说这些石灰窑必须挪走,因为空气遭到的污染造成了邻近这些石灰窑的伦敦市民的不便和痛苦。如果1310年的这些投诉与使用煤造成的空气污染无关,那就相当有意思了。这可能意味着1307年的立法是成功的,因为它们至少在一段短时间内制止了在石灰窑中使用海煤。然而,这项立法显然没有如此成功地制止在熔炉中使用燃煤,因为很明显的是,几年后人们还在熔炼中使用海煤。或许用于熔炼的少量燃煤可以不受法规的管制。无论有什么样的法规,人们对铁匠的厌恶表明,公众不愿意做出特别的让步,即使立法者愿意。 *16*

即使我们可以接受如下的想法,即在14世纪开始后不久的一个很短的时期内,人们对煅烧石灰使用燃煤有所控制,但我们也同样必须说,这种控制肯定未能坚持较长的时间。在1329年有证据说明,人们又在用燃煤煅烧石灰,因为在那一年,来自诺森伯兰郡(Northumberland)①的一位奸诈的运煤船主休·翰查姆(Hugh Hencham)因"操纵"伦敦的石灰价格而被带至法庭受审。[33]

从此时直到14世纪中叶,有关伦敦的污染的投诉记录似乎出现了断层。尽管如此,以上的论述还是表明,我们无法断定空气污染已经不再是一个重大问题。这或许只是说明,人们已经不再记录这类事件了。尽管如此,伦敦的状况或许略有改变。作为燃料的木头可能多了一些,或者伦敦市民对于煤烟的气味已经越

① 英格兰东北部的一个郡。——译者注

来越习以为常了,即使这种气味是煅烧石灰产生的。直到伊丽莎白时期①之前,海煤的主要用途之一一直是煅烧石灰,莎士比亚也曾抱怨过来自石灰窑的臭气。

燃料短缺

我们尚未考虑的一个重要之点是:为什么空气污染问题在13世纪晚期之前一直没有在伦敦出现呢?要知道,在13世纪刚刚开始的时候人们就已经可以在伦敦找到煤了。似乎开始时人们并没有发现这种化石燃料有多少用场,但在整个13世纪后半叶,逐步提高的木柴价格促进了煤作为工业燃料的使用。与木头不同,煤的价格在13世纪的大部分时期相对恒定,因为它只不过是作为船上的压舱物南运的。在几乎罔顾原材料价格增长的情况下,一些古代法令固定了许多中世纪商品的价格,石灰赫然在列;因此,飞涨的木头价格造成的财政负担让石灰制造商感到了切肤之痛。

诺曼(Norman)国王治下的英格兰总人口数有所增长,木头燃料价格看涨或许源于人口增长所造成的燃料短缺。恰好欧洲的气候处于对于农业最为适宜的温暖期,于是农民大面积垦荒种植庄稼。费兹斯蒂芬(Fitzstephen)曾在12世纪的文章中提到,在邻近伦敦的各郡有大量森林茂盛生长,但与英格兰其他地区类似,伦敦的人口也在增加。于是,毁掉森林利用土地的压力也同样增

① 约为1559—1603年。——译者注

加。就这样,伦敦周围的森林逐渐消失了。

总的来说,我们可以看到,城镇周边森林的逐步消亡确定无疑地造成了城市扩大产生的一个早期结果,即居民的燃料从木头向木炭转变,因为后者更便于运输。生产木炭是一个相当多烟的过程,但生产是在森林之内进行的。木炭是一种无烟燃料,因此,它的使用降低了城镇的空气污染。在木炭的生产地点——森林内有着大量的木炭,这意味着使用木炭的玻璃制造业和冶铁业也随之进入森林发展。因此,早期以森林为基地的工业所造成的污染对于城镇居民来说没有重要意义。

17

使用木炭仅仅暂时解决了伦敦对于燃料的需要。人口增长给燃料资源带来了极大的压力,这样的压力几乎不可避免地导致空气污染问题的恶化。尽管许多工业实际上坐落在英格兰东南部威尔德(Weald)地区的森林里,但持续扩大的城市对于燃料的需求还是不断增加。木炭价格的增加促使人们改用煤这类更便宜的新燃料。13 世纪末伦敦的最早的空气污染事件,就是在它的人口达到一个高峰的时候出现的。

11 世纪与 12 世纪是欧洲人口高速增长的时期,这一增长最初是由改进了的农业和相对有效的封建政府促进的。这一人口增长对于英格兰的冲击可以由以下事实说明:到了 13 世纪,留待人们清理开垦的土地已经所余无几了。但人口还在增加,[34]划分出来给农民的适于耕种的土地变成了小块,以至于在 1250 年后,当人口增长开始超过食品生产的增长之后,生活标准开始下降。整个 14 世纪都普遍存在着食品短缺现象。看上去,似乎封建社会的成功到此已经无以为继。随之而来的是经济的停滞不前:工资与食品价格在增加，营养不良更为普遍，而大瘟疫（Black Death）的肆虐更在1348—1351年间让已经十分脆弱了的广大人民雪上加霜。

在大瘟疫爆发的初期，英格兰多达1/4的人口死于非命；疾病的爆发经常是一波接一波，随之而来的饥馑让健康水平进一步下降。据估计，这场瘟疫在1348—1351年间大约让8000万欧洲人口中的2500万丧生。[35]英格兰又在1360—1369年间和1374年再次爆发了严重瘟疫。城市的情况经常比乡村糟糕，因为瘟疫在人口密集、居住条件拥挤的地方格外猖獗。在14世纪，这一史无前例的疾病让大量的土地无人耕种。它们中有些成为牧场，有些长成了灌木林，最后又变成了森林。生活标准随后又提高了，政府变得更集权了。曾经被禁止出口的木柴到了14世纪中叶又开始出口了。就这样，第一次燃料危机过去了，至少在一个短时期内，木头更多了。[36]

这场早期环境危机留下的教训是很重要的，因为从那时起，一连串如下事件曾一再重现：人口的急剧增加，城镇化或者人口密集的产生，燃料短缺和燃料使用结构的改变。不熟悉的燃料往往比之前使用的燃料更容易造成污染，或者至少在人们的感觉中如此。所有这些元素都可以在13世纪伦敦所发生的那些变化中看到。同样的这些关键元素也可以在17世纪的伦敦和更为现代的伦敦所出现的问题中看到。

18

注 释

1. 这一有创意的说法几乎可以说是由 Henry Ford① 首创的。"历史就是垃圾"这一说法的推论是许多考古研究的中心课题：见 Keene, D. (1982) 'Rubbish in medieval towns', *Environmental Archaeology in the Urban Context*, Council for British Archaeology Research Report 43, or Moore, P. D. (1981) 'Life seen from a medieval latrine', *Nature*, 294, 614. 赞同这一历史观的两本书分别是：Zinsser, H. (1935) *Rats, Lice and History*, Atlantic Monthly Press, Boston and Cloudsley-Thompson, J. L. (1977) *Insects and History*, Weidenfeld & Nicolson, London。
2. 有关环境思想的社会与伦理方面的两部著作是：Barbour, I. G. (ed.) (1973) *Western Man and Environmental Ethics*, Addison-Wesley, Reading, MA, and Tuan, Y. F. (1975) *Topophilia: A Study of Environmental Perception, Attitudes and Values*, Prentice-Hall, Englewood Cliffs, NJ。
3. 例如美洲印第安人的简陋小屋，见 Vivian, J. (1976) *Wood Heat*, Rodale Press, Emmaus, PA, 24 – 5。
4. 在从来自阿拉斯加到秘鲁的木乃伊化的肺部组织中，有煤肺病的是大多数而非少数例外。来自后者的特别有意思，因为肺部带有的银矿石颗粒说明，存在着因在银矿中工作而导致的职业性损伤。见 Bothwell, D. R., Sandison, A. T. and Gray, P. H. K. (1959) 'Human biological observations on a Guanche mummy with anthracosis', *Amer. J. Phys. Anthrop.*, 30, 333; Zimmerman, M. R., Yeatman, G. W., Sprinz, H. and Titterington, W. P. (1971) 'Examination of Aleutian mummy', *Bull. N. Y. Acad. Med.*, 47, 80 – 103——和许多其他木乃伊一样，这具木乃伊生前也患有煤肺病；Cockburn, A., Barraco, R. A., Reyman, T. A. and Peck, W. H. (1975) 'Autopsy of an Egyptian mummy', *Science*, 187, 1155; Zimmerman, M. R. and Smith, G. S. (1975) 'A probable case of accidental inhumation of 1600 years ago', *Bull. N. Y. Acad. Med.*, 51, 828 – 37; Gerstzen, E., Munizaga, J. and Klurfeld, D. M. (1976) 'Dia-

---

① 亨利·福特(1863—1947)，美国实业家，福特汽车公司的创始人。——译者注

phragmatic hernia of the stomach in a Peruvian mummy', *Bull. N. Y. Acad. Med.*, 52, 601–4; Reymen, T. A., Zimmerman, M. R. and Lewin, P. K. (1977) 'Autopsy of an Egyptian mummy (Nakht-Roml). S. Histopathologic investigation', *Can. Med. Assoc. J.*, 117, 7–8。

5. Cleary, C. J. and Blackhurn, C. R. (1968) 'Air pollution in native huts in the Highlands of New Guinea', *Archs Envi. Health* 17, 785–94; Master, K. M. (1974) 'Air pollution in New Guinea—cause of pulmonary disease among stone-age natives in the Highlands', *JAMA* 228, 1653—1655.

19

6. Wells, C. (1977) 'Diseases of the maxillary sinus in antiquity', *Medical and Biological Illustration* 27, 173–8;在 Calvin Wells 于 1978 年去世之前,他告诉我,自从上述论文书写以来,所有的其他工作全都加强了他的结论。
7. 通过检查 15 世纪晚期在南达科塔(South Dakota)惨遭屠杀的近 500 名印第安人的尸骨,可以发现与英格兰的数字之间的有趣对比。人们只从中发现了 5 例鼻窦炎,这似乎说明只有大约 1% 的发病率。Grey, J. B. 'The post mortem at Crow Creek', *Paleopathology Newsletter*.
8. Morley, C. D. (1921) *Chimney Smoke*, George H. Doran, New York. 这本标题非常出色的书为我们提供了下面的一段打油诗:

Dedication for a fireplace

A Charm

O wood, burn bright; O flame, be quick
O smoke, draw cleanly up the flue –
My lady chose your every brick
And sets her dearest hopes on you.

Logs cannot bum, nor tea be sweet
Nor white bread turn to crispy toast,
Until the charm be made complete
By love, to lay the sooty ghost.

9. Dunsany 勋爵在他于 1947 年出版的书 *The Odes of Horace* (Heinemann, London) 中强调认为,贺拉斯①本质上是一个乡村诗人,他反对罗马式的城市

① 贺拉斯(公元前 65—前 8),罗马田园诗人。——译者注

扩张。有关塞内卡,可参阅 Gummere, R. M. (ed.) (1971) *Ad Lucilium Epirtolae Morales III*, Heinemann, London。

10. *Cal. Lib. Rolls*, 37 HIII 9; *Cal. Lib. Rolls*, 48 HIII.
11. *Pipe Roll*, 12 HIII.
12. Stowe, J. (1603) *A Survey of London*.
13. *London Eyre of* 1214, Lond. Rec. Soc. (1970).
14. Riley, H. Y. (ed.), (1861) *Liber Albus*.
15. 见'Coal', in Kent, W. (1951) *An Encyclopaedia of London*, Dent, London. 然而在该市有好几个"罗马地",特别是在奎因希德(Queenhithe)也有一个。有可能罗马地是给某个邻近码头的露天地点的一个名字,船只可以在那里卸货(Dugdale, W. [1693] *Monasticon Anglicanum*, J. Wright, London)。
16. *Cartae Antiquae*, Chancery, L., no. 20 *in dorso*.
17. *Cal. Pat. Rolls*, 39 HIII m 15d.
18. *Annales de Dunstaplia Rerum Britannicarum Medii Aevii Scriptores*, *Annales Monastici III*, Longman, Green, Reade & Dyer (1866). 这是有关这一事件的一份十分不准确的描述,其草率程度令人感到不安。这一描述出现在有关空气污染的现代叙述的一章中,该章的开篇句子是:"Air pollution associated with burning wood in Tutbury Castle in Nottingham was considered 'unendurable' by Eleanor of Aquitaine, the wife of King Henry II of England and caused her to move in the year 1157."这一句子中含有不少于 6 处错误(见 Brimblecombe, P. (1952) 'An anecdotal history of air pollution', *Environmental Education and Information*, 2, 97 – 105):(1)年份应为 1257 年;(2)国王应为亨利三世;(3)王后的名字应为普罗旺斯的埃莉诺;(4)燃料应为煤(即海煤或者"carbonum maris");(5)特伯利城堡位于斯坦福德郡;(6)污染发生于诺丁汉城堡,而不是在特伯利城堡。特伯利城堡的空气的高质量并没有在几百年间一直保持下去。当苏格兰的 Mary 女王于 1585 年下榻特伯利城堡时,她曾强烈抱怨厕所发出的臭气,说它们在各个房间里弥漫;见 Strickland, A. (ed.) (1844) *Letters of Mary, Queen of Scots*, Henry Colburn, London, I, 163。 *20*
19. 'Excavation near Winchester Cathedral', Dugdale, W. (1693) *Monasticon Anglicanum*, J. Wright, London.
20. *Rat. Parl.* I, 61b and I, 200.
21. *Cal. Pat. Rolls*, 13 EdI m18d; *Cal. Pat. Rolls*, 16 EdI m12; *Cal. Close Rolls*, 35

EdI m6d and m7d; *Cal. Pat. Rolls*, 35 EdI m5d; *Cal. Close Rolls*, 34 EdII m23d. 头两条参考文献涉及 1285 年与 1288 年的委员会，其他的参考文献也是重要的中世纪公告。在有关空气污染的书籍中时常有后世作者书写的有关 1273 年通过的一项法律的参考文献（例如 Magill, P. L., Holden, F. R. and Ackley, C. (1956) *Air Pollution Handbook*, McGraw-Hill, New York）。我至今无法找到在此事件发生时在世之人书写的参考文献的任何踪迹。

22. Maus, O. and Chubb, L. W. (1910—1911) 'Smoke', in *The Encyclopaedia Britannica*, 11th edn, vol. XXV, 275 – 7; Chambers, L. A.; 'Classification and extent of air pollution problems', 见 Stern, A. C. (ed.) (1968) *Air Pollution*, Vol. I, Academic Press, New York; and Perkins, H. C. (1975) *Air Pollution*, McGraw-Hill, New York.
23. 某一犯有重罪之人可在付出一笔赎金之后得到自由，关于这一赎金的定义可见于 *Stroud's Judicial Dictionary*, 4th edn (1974), Sweet & Maxwell, London。
24. 与拆除石灰窑相关的文献可参见 Chew, H. M. and Weinbaum, M. and Weinbaum, M. (1970) *The London Eyre of 1244*, London Record Society, cases 350, 351 and 470.
25. Honeybourne, M. 'The Fleet and its neighbourhood in early medieval times', *London Topographical Record*, 19, 13 – 87; *Cal. Pat. Rolls*, 35 EdI 9d; *Cal. of Plea & Mem. Rolls*, Roll F m7.
26. *Select Pleas in the Court of the King's Bench*, *I*, Selden Socicty, London (1936), 55.
27. *London Assize of Nuisance, 1301—1431*, London Record Society (1973).
28. 一个相当类似的事件发生在画家桑德罗·波提切利（Sandro Botticelli）身上。他的邻居们的工作十分吵闹，喧嚣声震动了整个房子，造成了他的失聪。邻居们坚持认为他们可以在自己家里做他们想做的任何事情。波提切利的房子比这家邻居的房子高，于是他在自己的房子的屋顶上放了一块巨大的石头，它看上去非常危险，好像稍有震动就会滚下来；然后他宣称，在自己家里他干什么都可以。Vasari, G. (1965) *Lives of the Artists*, Penguin, Harmondsworth.
29. Wright, T. (1845) *Reliquiae Antiquae*, London vol. I, 240. 亦见于 Davies, R. T. (1963) *Medieval English Lyrics*, Faber & Faber, London，作者本人翻译。
30. *Cal. of Early Mayor's Court Rolls*, Roll B m5.

31. Leach, F. (1900) 'Beverley town documents', *Seldon Soc.*, 14.
32. *Cal. Close Rolls*, 4 Ed II m23d.
33. *Cal. Letter Book of London E*, Fo. cxcvii, cxxcviib.
34. Trevelyan, G. M. (1960) *Illustrated English Social History*, vol. 1, Longman, London.

35. Cipolla, C. M. (1976) *Before the Industrial Revolution*, Methuen, London.
36. 我对于大瘟疫的更广泛冲击的解释可以从最近的一些著作中得到部分支持,这些著作包括 Gottfried, R. S. (1983) *The Black Death*, Free Press. New York。此处处理的是在大范围内发生的变化,特别是人口减少带来的某些益处。尽管这份参考文献并没有特别考虑污染方面,但十分有趣的是,该书后记的标题是'Europe's Environmental Crisis'。

2
煤的崛起

我们在上一章讨论了煤在有关伦敦市空气污染事件的最早文件中的重要性。煤在中世纪伦敦的使用量或许从来都不大。然而,伦敦的用煤量确实在增加,而到了伊丽莎白女王一世统治(1558—1603)结束时,这一数字已经达到了每年50000吨。伦敦的实际大小在14世纪、15世纪和16世纪中没有发生多少变化。尽管伦敦的人口在这一时期的末段发生了可观的增长,但其实际面积的改变是相对比较小的。因此,这就意味着城市的人口密度有所增长,特别是在城墙之内,而这就是引发伦敦市民必须面对的许多新问题的原因。不断增加的人类活动的密度和建筑环境的密集化,将在城市的大气和气候上引起显著的变化。本章将探讨这些变化。在这一时期内,空气污染似乎相对不那么重要,但正在发生的变化导致了一些问题,这些问题在16世纪末期变得愈加明显。

气候和城市

不言而喻,空气污染当然是一种大气现象,但我们经常忽略空气污染与气候联系的途径。如果我们想要理解中世纪晚期伦敦的空气污染史，我们就必须考虑气候、气候变化和城市本身的微气候。

尽管人们对英国的气候颇有微词，但它应该算是相当温和的。事实上，英国气候没有受到气温极度变化带来的困扰，因此对人体舒适度来说完全没有什么不适宜之处。非常炎热的气候能让人体难以散发代谢产热，因此会降低人的一般活力，增加传染病的发病率。比较凉爽的气候或许对人体有激励性，但寒冷的气候会增加人们对呼吸道疾病的易感性，特别是在低温来袭的时候，人会不得不把自己生命的很大一部分耗费在有取暖设备的屋子里——那里通风不佳、人群拥挤，这时人们尤其容易感染呼吸道疾病。英格兰南部地区夏季的下午温度在20℃左右；尽管对于人体舒适度来说这可谓最佳温度，但对某些庄稼的有效生长而言则略嫌过低，所以英格兰过去的农业收成经常很不好。就英格兰所处的纬度来说，这里的冬天是很温和的了，这得益于墨西哥湾暖流和北大西洋暖流，它们把温暖的海流转移到了英伦群岛的西海岸。在冬天，结冰的温度通常只在夜间才有，但有时会出现例外情况下的短期寒潮。这样的情况会在东北风从北极地区带来冷空气的情况下出现，而如果条件稳定或者“受到阻碍”而使冷空气无法离开，则冷天气可能会持续好几个星期。夏天里长时间的反气旋期也大可称为英格兰气候的一部分。

23

来英格兰的旅游者很快就会注意到，英伦诸岛的气候中没有干燥的季节。伦敦的年降雨周期所显示的季节差异相当小，[1]但当各个社区很快就适应了它们各自所在地区的水平时，起重要作用的就不单单是降雨量了。导致问题出现的是围绕这一平均值的变化，其表现为对城市人口的供水量有时候剧减，而有时却多得能够造成洪水。无论这两种方式中的哪一种都可能导致农业歉收。尽管降水量变化最大的地区是英格兰南部，但人们预期，在20年中只会有一年降水量会偏离平均值40%以上。[2]对于各个季节来说这一差异可以更大，而且当然，这对于农作物的收成来说可能更为关键。

风也可以是一个特别具有破坏性的气象因素，但它的效果只有在极端的情况下才有所显现，如在突发狂风的情况下。在伦敦周围，阵发狂风出现的概率低于英格兰的任何其他地区，[3]注意到这一点很让人感到很有趣。有风的状况有利于驱赶潮气，或许对于城市内疾病丛生的地区也很有用。尽管我们或许可以非常笼统地用以上几点描述英格兰的气候，但认识到气候并不是一成不变的这一点是很重要的。上面已经叙述了季节性差异，也提及了年与年之间气候差异的概念，包括干燥的年份与多雨的年份之间的差异或者寒冷的年份与温暖的年份的差异。除了这些年与年之间的差异之外，气候状况还存在着一些长期的变化趋势。11世纪与12世纪以气候温暖著称，人们常常把这段时期称为所谓中世纪温暖期，其标志是英格兰葡萄园的发展。这一温暖期之后是一个较为凉爽的时期。在15世纪与18世纪之间，甚至在15世纪与19世纪之间，英格兰的平均气温或许比今天的平均气温低一两度，人们称这一时期为小冰河时期。在这一整个时期内，气候的不同表现在几个方面：风暴一类极端气候现象变得更为常见，降水量在50年内出现大幅振荡，而且有些年的夏季可能会极为多雨，而冬天的降水量所受的影响似乎要小一些。[4]

在农村地区风暴可以很容易地损害农作物。在城市中，城市化所带来的变化让大量降水具有其他影响。罗马人环绕着伦敦修造的城墙带有庞大的涵洞，可以让伦敦地下河穿过城市流动（见图1.6）。在后罗马时期，这些涵洞经常被堵塞，以至于尽管人们进行了一些努力来让它保持通畅，但在城墙后面还是有很大的面积被洪水淹没而形成了一片沼泽。[5]然而，暴风雨后的排水问题要比简单的水道堵塞更为复杂。一座城市需要的巨大的排水量经常是人们难以估量的。与乡村地表相比，雨水直接下落的城市地表更加“不透水”。建筑材料的储水能力很低，这意味着它们不会变得很潮湿，也就不能像植被或者土壤那样存储大量的水分。当一场暴风雨袭击城市的时候，雨水似乎直接就变成了水流。通过排水系统排出的水很快就又随着暴风雨带来的水分再次下泄，在最高降雨强度出现后不久，从城市表面流出的水流就达到了高峰。而另一方面，来自植被覆盖着的表面的水量则能够以低得多的流量在晚得多的时刻出现。这就是城市地区的暴雨排水沟必须格外大的原因。在没有有效的排水系统的情况下，暴风雨之后的水泛滥面积可能会非常大。早期城市没有合适的暴雨排水沟，在较大的暴雨之后，比较低洼的地区会出现相当严重的水泛滥。

24

暴雨排放期间的地表水流经常受到高度污染，因为这些水流会从垃圾和肮脏的下水道那里带走污染物因而污染饮用水，而在过去这种情况也同样如此。中世纪的文件中经常有关于这种问题的叙述，但一个更为有趣的叙述出现在斯维夫特（Swift）在1711年写的《城市阵雨纪实》（*Description of a City Shower*）[6]中：

> 现在，来自四面八方的阴沟水都在猛涨，都在奔流，
> 佩戴着各自的奖章它们四处遨游：
> 五颜六色臭味杂陈的污秽似乎在用其尊容和气味……
> 诉说着在它们诞生的时候，第一眼看到的街口。
> 它们横扫了屠户的摊位，带走了粪便、内脏和血液，
> 溺毙的幼犬、发臭的海鱼，全都在污泥中渗透，
> 去世的猫和萝卜尖也随着洪水翻滚着四下游走。

高降水量让中世纪的街道很不可靠。就像我们将在后文中看到的那样，这对于燃料向城市的运输有着深刻的影响。在干旱的时候可能会出现另外一个问题。当早期城市中充作露天排水沟的溪流和沟渠的流量较低的时候，它们会遭到堵塞和污染。来自这些污秽的水道的臭气是人们经常投诉的一个对象，我们已经在上一章有关对圣殿骑士团的诉讼问题中看到了这一点。

扩大的城镇区域进行的建设改变了局部气候。其中最广为人知的一个变化是建成区域内气温的升高，人们经常把这一现象叫作“城市热岛（urban city island）”。这一现象并不单单是工业活动和家居取暖过程增加了空气温度这一事实造成的。温度的升高有一系列因素。城市表面的颜色可能比较深，这就吸收了更多的热量，而且当日光与地面形成的角度较小的时候，垂直的表面往往会有效地捕获更多的日光。城市建筑所用的材料对于热能具有较高的存储能力，这就意味着，它们能在入夜很久以后还保持温暖。墙壁和建筑能形成受遮蔽的区域，因此风带来的凉意

25

大为减小。当然,这一点并不总是正确的,因为在建筑物尖锐的拐角附近,风有可能会是非常迅猛的。到了夜晚,来自垂直的墙壁的再次辐射可能会比在暴露的乡村的情况下强劲不少。最后,在城市上空悬浮的烟气粒子能通过覆盖效应让从地面辐射的热能无法离开。[7]

我们自然找不到中世纪伦敦气温的数据,因此无法想象这种城市热岛的规模。有些考古学家就注意到了小冰河时期的英格兰城市中有喜温性甲虫,并把它们的存在归因于与乡村环境相比较高的城市环境温度,尽管这些甲虫在城市中的存在一定也受到了那里能够找到越来越多且种类丰富的食物的促进。城市热岛可能对于城市动植物产生了重要的后果。对于体形较小,很快就能散发热能的鸟类来说,它们能够利用冬天城市较高的气温优势。这对于能够利用城市环境的其他方面的鸟类来说就更方便了,这些方面包括:城市里的建筑物经常能为它们提供大量的筑窝场所,而城市的居民及其活动为它们提供了现成的食物来源。[8]

植物也能从城市环境提供的额外温暖中获得益处。有些植物在城市内的花期可以比在乡村地区开始得早,其生长期可以延长,最多可以达到5周之久。对于英伦群岛特别有意义的是,在其上存在的葡萄园一直坚持到小冰河时期(Little Ice Age)开始以后很久才告消失。曼利(Manley)[9]曾经认为,用心培育的、有遮盖的花园可以让温度有所提高,其内平均温度可以比暴露环境下的平均温度高好几度。这种温度的升高主要来自对热能再次辐射的阻隔。当然,在这样的花园里生长的农作物无疑也从平静的条件和更高的湿度方面得益,这些会降低因蒸发而产生的水分损失。这样,有遮盖的区域内的夜间气温往往低于暴露区域的夜间气温，但如果土壤经过良好灌溉并在葡萄栽种期间经常受到践踏以致压缩，则夜间温度实际上可以比未经遮盖的区域高1℃或更多。[10]

26 因城市环境的存在而发生的变化 列于表2.1中。从数值上说这些变化实际上相当小，不通过仪器观测很难感知，尽管直接从乡村去往城市的人能够更容易地注意到它们。城市植物花期开始较早，这一点或许很容易就可以观察到。与这些相当小的气候变化相反，城市中的大气组成发生的变化可以很大。就是这些数值上的不同，而不是由于城市化导致的气候变化，造成了我们今天与空气污染有关的种种忧虑。

表2.1　预期中城市化将造成的气候变化

气温	升高几度
出现雾天的频率	增加，尤其在冬天
出现雷雨天的频率	可能会增加
有云的天气	可能会增加
风	改变风速与分布状况
阳光	减少，尤其是紫外光区
雪的覆盖	改变分布状况

正是在这样一个气象背景之下，都铎王朝时代①的伦敦成长了起来。长时期的气候变化意味着温和的海洋性气候进入了一个降温阶段。在多次瘟疫肆虐之后，英格兰的人口开始缓慢地回升，尽管饥馑几乎每年都会发生。人口的恢复带来了新的艺术与

① 指1485—1603年。——译者注

工业。文艺复兴踏入这一边远、封闭的国度的脚步或许还很迟缓，但它的冲击并未因距离而有所减弱。伦敦的城市发展与理性的复兴齐头并进，伦敦的人口也达到了五位数。

燃料的运输

13 世纪伦敦的煤进口量在以后的几个世纪中可能只有很小的增长。这一点可以通过如下事实看出：从爱德华二世的统治时期到伊丽莎白女王的统治时期（1307—1558），对由比林斯门码头进入伦敦的海煤进行称量，并负责收税的煤炭计量官的数目并没有增多。尽管首都进口的煤炭数量增加缓慢，但这种燃料正在成为一种更为重要的商品。《灰衣修士日志》（*The Chronicle of Grey Friars*）[11]提到了 1543 年的“木头和木炭极为缺乏”。当人们偏爱的燃料木头和木炭严重不足时，人们便以煤取而代之。[12]

在城市的发展过程中，出现作为燃料的木头的匮乏，这种情况并不少见。首先，城市周边地区的森林被砍伐并改为农田，这能为土地拥有者提供更高的利润。这种最近出现在发展中国家的状况是人们很熟悉的。这意味着，燃料运入城市途经的距离越来越长；由于距离拉长，花在运输上的费用就变成了燃料价格的主要组成部分。人们使用的燃料经常转变成便于包装的形式诸如木炭，它更易于运入城市。在既定的重量下木炭能放出比木头更多的热量，而且它不带树枝，因此更容易装入运货马车运输。都铎时期的燃料短缺并非全国性的，它似乎只局限于某些地区。大城市周围森林消失了，那里的木头尤为缺乏。

27

图2.1 人们把木头装上运货马车运入城市

图2.2 爱德蒙德·格林达尔大主教(Archbishop Edmund Grindal)对于他的木头供应和因制造木炭造成的污染表示关切

在烟囱设计不佳或者根本没有烟囱的城市里，木炭具有另一个优点：它是一种无烟燃料。在降低污染方面，无烟燃料的成功经常令人注目，但生产它们本身可能会引起严重的地区污染问题。这甚至在今天也是正确的：人们认为，无烟燃料诸如弗那塞（Phurnacite）等的生产只不过是让该燃料试图解决的问题易地发生而已。[13]木炭的生产地点一般是在远离城市的森林里面，那里不会有人抱怨。但是，商业方面的压力无疑会鼓励木炭的生产地邻近伦敦，其距离之近足以引起人们的抱怨。16 世纪，（1575—1583年担任坎特伯雷大主教的）埃德蒙德·格林达尔曾传令让一个名叫格兰姆斯的运煤船主来到他面前听审。格兰姆斯在今天桑顿西斯车站（Thornton Health Station）的所在地附近修建了一座多烟的石灰窑，给人们造成了麻烦。格林达尔本人或许也受到了影响，因为他曾在邻近的克罗伊登（Groydon）住过一段时间，并担心过他的林地的状况。[14]有关这一事件没有留下多少实在的文字证据，但一个流传甚广的有趣传说却一直保留了下来。格兰姆斯对教堂的冒犯或许让他的名字在我们的文化中长存不殆。他可能成了一部 16 世纪的喜剧的标题中的人物，这部喜剧的名字是《克罗伊登的运煤船主格兰姆：魔鬼与他的夫人，以及魔鬼与圣邓斯坦》（*Grim the Collier of Groydon: or the Devil and his Dame, with the Devil and St. Dunstan*）。[15]他在 18 世纪的一首题为《克罗伊登的运煤船主》（*the Collier of Groydon*）[16]的叙事诗歌中又一次出现。在这里他变成了一个在引诱年轻妇女时遭到惨败的人。

28

小冰河时期的气候和糟糕的路况进一步增加了人们在运输燃料时的困难。这些道路实际上是没有铺设表层的小径，其条件完全取决于土壤和气候的自然状况。在干燥的夏季，这些道路会被烘烤成坚硬的表层，但在冬季的阴雨天气里，沉重的运货车的反复碾压让它们几乎无法通行。随着陆路运输越来越困难和由此而来的运费增加，水路运输变得越来越吸引人了。的确，如果没有河流运输的开发，以及更加重要的海岸配套路径作为陆路运输的关键性替代途径，伦敦的高速发展将是不可能的。当靠近适宜航运的河流的木头资源完全枯竭了的时候，自然而然的，从北部港口通过海路运输的煤就可以有效地加入竞争了。人们对于用河流运输燃料的看重可以由一些文件上看出，这些文件与为检查泰晤士河可通航性而成立的牛津—波尔阔特委员会（the Oxford-Burcot Commission）有关。1623年（也可能是1624年）2月该委员会在致上议院的议案导言中如此写道：

29

> 据此，从泰晤士河清理一条通道至牛津，这对于特丁顿（Heddington）石料的运输以及对于向牛津运输煤和其他必需品是非常方便的。据此，以上通道对于保护现已严重磨损与损坏的大路也是非常必要的，这些大路在冬季对于旅行者来说是危险的。[17]

肯特郡（Kent）和萨里郡（Surrey）的威尔德林地区传统上是为伦敦提供物质需要的重要地区。来自这一林地地区的工业的木炭、木材、玻璃和铁一直通过两条主要通道运往伦敦。这些通道也挤满了沿着同一条繁忙道路驱赶着畜群的牲畜贩子。威尔德地区的道路上如此泥泞，以至于有时马匹身上一直到马鞍肚带都沾满了泥浆。在这样的路面上驾驶货车,人们需要几匹强壮的马匹或者犍牛。的确,16 世纪末和 17 世纪英格兰的糟糕路况对于木材的价格具有相当大的影响。

某地区木材的短缺自然会反映到价格的增加上面。在 1450—1650 年间,尽管木材的价格有所增长,但却不像其他农产品的花销增长得那么快。考虑到通货膨胀的因素,木材的价格实际上变得一年比一年便宜。但是,对于伦敦以及其他几个需要进口燃料的地区来说,木材的价格并没有遵循这一普遍趋势;的确,从 16 世纪中叶开始到 17 世纪,伦敦的木材价格在增长,这让它变成了一种特别昂贵的燃料。[18]这一不成比例的变化,与向伦敦的陆路运输的高昂费用,以及英格兰东南部在可通航的河流附近的木头资源短缺直接相关。

作为燃料的煤

都铎王朝时代的伦敦木材价格的上涨迫使伦敦市民使用新燃料,这与 13 世纪发生价格上涨时的形势相同。人们再次用煤来填充越来越经常发生的燃料短缺所造成的缺口。与早些时候发生的危机一样,这一在使用燃料方面发生的改变让伦敦的空气质量有所下降。在都铎王朝时代,新燃料崛起的表现形式是家居用煤数量的增长。这一形势并未出现在中世纪,因为那时烟囱的存在远远没有都铎王朝时代那么普遍。在没有修建某种排除烟气的设备之前,人们无法在室内烧煤,因此在中世纪的英格兰,煤主要局限于工业用途。在 16 世纪的伦敦,煤仍旧是一种大家使

30

用不多的燃料,因此在木头短缺的时候,穷人才被迫转而使用这种比较便宜但更为肮脏的热源。约翰·史杜威的《编年史》中注意到的事实提供了相关证据:人们给穷人的燃料馈赠经常是海煤。当木炭短缺更为严重的时候,更多的人使用煤,但很显然即使在伊丽莎白女王时代的晚期(当史杜威写作的时候),贵族仍然强烈抗拒使用煤这种燃料。有教养的贵妇人甚至不会进入曾经烧过煤的房间,更不要说食用在海煤火上烤制出来的肉食了,[19]文艺复兴时期的英格兰人对于接受有煤烟气味的啤酒的热情也不高。

图 2.3　人们认为煤球能降低烟气排放

这样的苛求在无情的经济压力面前不堪一击。伦敦的煤炭进口量增加了,它的家居使用范围扩大了,甚至在有些需要提供木炭作为燃料的地方,这种需要不但过于昂贵,而且人们似乎并不欣赏这种安排。[20]在整个都铎王朝时期,有关城市里因烧煤引起的空气污染的投诉对象都是煤的工业使用。在都铎王朝之末,伊丽莎白女王发现"她自己非常为海煤的气味和烟气而苦恼并且感到不悦",但这种烟气来自工业源。[21]然而,人们更多地在家居消费中使用煤炭是在她驾崩之后，苏格兰的詹姆士六世成了英格兰的詹姆士一世的时候①。木头的短缺，以及更为坚硬、硫化物含量更少的煤炭在苏格兰矿山中被发现，这让苏格兰贵族在家中使用煤炭的历史远远早于英格兰贵族。新国王迁往伦敦后在他的家里使用了这种燃料，此举无疑有助于富有的伦敦家庭接受煤作为家用燃料。

伦敦的煤用量增加的效果在 17 世纪初已经很明显了。休·普拉特(Hugh Platt)在 1603 年写了一本题为《煤球的火焰》(*A Fire of Coal-Balles*)的书，他说因烧煤产生的烟气对伦敦市区的植物和建筑物造成了损害。[22]普拉特并没有把煤烟产生的问题看成一个特定的新问题，这种做法与如下事实是一致的：在一段时间以来，至少对于穷苦人来说，煤作为燃料，其使用量已经增加了。看上去，似乎贵族接受这种燃料的行为，只不过是追随大众已经形成的一个变化而已。对于这件事，普拉特本人的兴趣来源于他在 1602 年享有专利的一个工业流程，他试图用这一流程生产"煤球"。煤球的组成是煤和锯末，做成如小球状的固体。普拉特希望通过使用煤球来缓解伦敦的一些空气污染问题。当然，这些煤球放出的烟气是否会比单纯的煤要少一些，这一点尚无定论，但在 17 世纪上半叶，为这种或那种目的而进行的制造煤球的各种尝试一直在交替进行。没有哪次尝试取得了持续的成功。

31

32

---

① 1603 年，英格兰女王伊丽莎白一世在指定苏格兰的詹姆士六世继承王位后驾崩，于是詹姆士·斯图亚特身兼英格兰与苏格兰两国国王，史称詹姆士一世。——译者注

图2.4 在中世纪的英格兰,诸如熔炼一类会产生大量烟气的工业坐落在森林之中

伊丽莎白女王时代结束的时候,人们探索了另外一类盈利更高的实验。约克郡的枢机主教长(the Dean of York)约翰·索恩布劳(John Thornbrough)曾在1590年被授予7年的垄断权,以期"纠正煤的含硫本性"。不久之后,我们发现有一批詹姆士一世时

图 2.5 17 世纪的明矾制造业很快就采用煤作为燃料，人们认为这种工业是高污染行为

代的实业家试图制造焦炭，希望能去掉烧煤时产生的那种“辛辣刺激的怪味”，正是这种怪味使煤无法应用于除了“煮啤酒和明矾”之外的大部分工业过程。威廉姆·斯林斯比（William Slingsby）等人在 1610 年的专利申请中意识到了麦芽酒、面包、砖瓦和

33 瓷器烤制对木头的需要,以及熔炼钟铜、铜、黄铜、铁、铅和玻璃对它的需要。[23]他们意识到,一种能够成功地将煤制成焦炭的方法可能会令其工业应用产生井喷式的发展。尽管进行了多次实验,以煤为原料制造的焦炭并没有在17世纪成为一种重要的工业燃料。

煤本身在制造明矾[24]和啤酒[25]的工业过程中得到了有限的使用,但其结果是,这些工业在伊丽莎白女王时代和詹姆士一世时代①都成了人们抱怨伦敦大气污染时的对象。酿酒工业是一个特别频繁地惹麻烦的工业,特别是在威斯敏斯特周围地区。[26]在那里,人们的环保意识水平有所提高,这一点无疑是国会议员和贵族经常前往伦敦的这一区域的结果。

在玻璃制造工业中与燃料的使用有关的规章让人觉得特别有趣。在传统上,制造玻璃的玻璃工厂建在威尔德林地中,四周有许多木头架。到了16世纪末,燃料短缺开始影响这一工业。我们确知,参事议政厅曾要求一位在伦敦开办了一座玻璃熔炼炉的威尼斯玻璃制造业主雅克布·维切里(Jacob Verzelini)在冬天停止制造玻璃,以“节省木头和燃料”。[27]有些实验研究让人可以通过使用有盖子的坩埚用煤来制造玻璃。在詹姆士一世的统治下,人们通过了一些强制玻璃制造者使用煤作为燃料的法案。当时的文件表明,这一立法的原因旨在保护英格兰的森林。但人们押下的赌注不单单是森林资源的保护。一位名叫罗伯特·曼塞尔(Robert Mansell)的富有的运煤船主曾因劫掠西班牙沿海而名噪

① 指1603—1625年。——译者注

一时，他拥有使用煤作为燃料制造玻璃这种方法的专利。尽管曼塞尔工业过程的早期出现了一些困难，但这一过程在制造玻璃时的使用肯定会让他得到一份可观的收入，并且有助于降低威尔德林地玻璃制造工业的地位。[28]

制砖业在适应这一新燃料时也遇到了麻烦。这些麻烦似乎通过把尘土与煤混合而得到了解决。人们有时候把尘土从街道上扫掉，斯维夫特在他写的《清晨纪事》(*A Description of Morning*)中对此有一个很有意思的暗示。他在文中把清晨描述为这样的时间："砖灰妓女在半条街道上尖叫。"尽管《牛津英语辞典》会提出争议，认为在这段描述中提到的"灰"字指的是她的面色。

然而这一工业行为并没有真正地成为17世纪使用煤的特色标志；最令人感兴趣的是煤的家庭消费的迅速增加。从烧木头的城市向主要依靠进口煤炭的城市的转化具有影响深远的后果。有关煤炭行业的经典著作《英国煤炭工业的崛起》(*the Rise of British Coal Industry*)一书的作者内夫(Nef)[29]认为，英格兰早期即有大量煤炭可供使用。他进一步提出，对于煤炭的大量消费促进了早期的工业革命。煤炭贸易对英国海军力量的发展带来了重要的促进，因为纽卡素尔与伦敦之间的海路航行变成了这个国家训练海员的一个重要地区。表2.2所示为以煤的进口量表述的从1580—1680年这一时期用煤量的增加。用于煤炭贸易的船只"运煤船"，在16世纪上半叶的煤炭贸易中发生了重大的改变。开始时的最高载煤量远远不到100吨，然而，尽管有人曾努力对这些船只的尺寸增长加以限制，但到了1660年，它们的运输能力增加了好多倍。船只体积的增加并没有增加驾驶方面的困难，因

34

为新船只需要10名水手,连驾驶旧船所需要水手的数目的一半都不到。[30]与这种运输能力与效率的增长同步增长的还有在纽卡素尔和伦敦航线上运行的船只数量,这着重说明了用煤量引人注目的迅猛增长。1600年,从事煤炭贸易的只有400艘比较小的船只,而到了17世纪末期,有1400艘更大的船满载着煤炭从纽卡素尔向伦敦航行。

表2.2 1580—1680年间伦敦的煤炭进口量

年份	时期	吨数	备注
1580	3月12日—9月28日	10785	
1585—1586	米伽勒节—米伽勒节①	23867	
1591—1592	米伽勒节—米伽勒节	34757	
1605—1606	圣诞节—圣诞节	73984	
1614—1615		91599	缺一周
1637—1638		142579	缺两周; 本年度贸易不景气
1667—1668	夏至—夏至	264212	
1680—1681	米伽勒节—米伽勒节	361189	

出处:内夫,J. U. (1932)《英国煤炭工业的崛起》,劳特利奇出版社,伦敦。

王政复辟时期②的著名经济学家威廉姆·佩蒂(William Petty)

① 米伽勒节(Michaelmas)为每年的9月29日。——译者注

② 王政复辟指1660年查理二世的复辟,王政复辟时期为1660—1688年。——译者注

爵士曾在17世纪中叶写道:煤炭的地位之高,已经上升到了至高无上的程度。他也指出,煤炭在过去"很少用在卧室里……也没有多少砖是用煤烧出来的"。[31]到了14世纪末,煤至高无上的地位是无可置疑的。

要准确地得到16世纪末与17世纪初进口伦敦的煤炭总量是很困难的。然而我们可以估算出,从1580年到1680年,进口量增长了大约20倍。伴随着这些变化的,是伦敦人对于使用海煤作为燃料的态度的明显改变。在亨利·格拉普索恩(Henry Glapthorne)1635年的戏剧《家母大人》(*The Lady Mother*)[32]中,人们听到了一位伦敦居民的抱怨:"我会再次回到我本来的城市,在海煤那合乎卫生的气味中生存。"这位曾经咒骂海煤,称它为不受欢迎的燃料的伦敦人开始为它的短缺而惋惜。煤的短缺在查理一世①试图出卖海煤独家经营权期间尤其严重,而在内战期间,这一短缺达到了这样的程度:人们因缺少"香甜的海煤"而深受其苦。[33]

城市烟囱数量的增加也反映了民众在家居使用中对于这一化石燃料的接受。莎士比亚在创造剧本时对《霍林斯赫德日志》(*Holinshed's Chronicles*)深为倚重;这份杂志的一位投稿者哈里森(Harrison)[34]曾在一则边注中指出,从他年轻的时候(16世纪中叶)起,烟囱的数目大大地增加了。他写道:想当年,人们认为室内的烟气可以让房屋的木材变硬,还把它看成一种能够避免疾病

① 查理一世(1600—1649),自1625年即位至1649年被处死期间为英格兰、苏格兰与爱尔兰国王。他是史上唯一一位以国王之身被处死的英格兰国王。——译者注

图 2.6 烟囱愈来愈普及,而且出现了要求清洁议会大厦顶部和毗邻建筑物的压力

的消毒剂。

煤在 16 世纪末和 17 世纪初伦敦的迅速成长中扮演了一个必不可少的角色。正如 C. H. 威尔逊(C. H. Wilson)曾经在他的著作《英格兰的学徒期,1603—1763 年》(*England's Apprenticeship*,

1603—1763)(1965 年)中述说的那样:“对于伦敦来说”,煤“是让它得以成长的一个赋能条件……没有煤,市民们既无法保持温暖,也填不饱自己的肚子,也无法得到令城市生活可以忍受的必需品与奢侈品,更遑论令生活更为惬意的东西了。” 36

注 释

1. Atkinson, B. W. and Smithson, P. A (1976) ‘Precipitation’, in Chandler, T. J. and Gregory, S. (eds), *The Climate of the British Isles*, Longman, London.
2. 可在 Bilham, E. G. (1938) *The Climate of the British Isles*, Macmillan, London, and Gregory, S. (1955) ‘Some aspects of variability of annual rainfall over the British Isles for the standard period 1901—1930’, *Quart. J. Roy. Met. Soc.*, 81, 257-62 中找到有关降水量变化性的地图。
3. Shellard, H. C. (1976) ‘Wind’, in Chandler, T. J. and Gregory, S. (eds), *The Climate of the British Isles*, Longman, London.
4. Lamb, H. H. (1972) *Climate: Present, Past and Future*, Methuen, London.
5. Baton, N, (1962) *Lost Rivers of London*, Phoenix, London.
6. Swift, J. (1711) *Miscellanies in Prose and Verse*, John Morphew. London.
7. Oke, T. R. (1978) *Boundary Layer Climates*, Methuen, London.
8. Gill, D. and Bonnett, P. (1973) *Nature in the Urban Landscape*, York Press, Baltimore.
9. Manley, G. (1952) *Climate and the British Scene*, Collins, London; Evans, J. G. (1975) *The Environment and Early Man in the British Isles*, Elek, London.
10. Rosenburg, N. J. (1966) ‘Microclimate, air mixing and physiological regulation of transpiration as influenced by wind shelter in an irrigated bean field’, *Agric. Meteorology*, 3, 187-224; Bridley, S. F., Talylor, R. S. and Webber, R. T. J. (1965) The effects of irrigation and rolling on noctural air temperature in vineyards, *Agric. Meteorology*, 2, 373-83.
11. Nichols, J. G. (ed.) (1852) *Chronicle of the Crey Friars of London*, Camden,

Society, vol. 53.

12. 在这方面最知名的记录来自不朽的 Nef, J. U. (1932) *The Rise of The British Coal Industry*, Routledge, London; Flinn, M. W. (1959) 'Timber and the advance of technology: a reconsideration', *Annals of Science*, 15, 109 – 20。他们认为,木材的严重缺乏可能被夸大了。
13. O'Riordan, T. and Turner, R. K. (1984) 'Pollution control and economic recession', *Marine Pollution Bulletin*, 15, 5 – 11.
14. Fitter, R. S. W. (1945) *London's Natural History*, Collins, London. 我无法找到任何 Grindal 与 Grimes 会面的一级参考文献。有关 Grindal 在 Groydon 的生活有许多证据,而且说明他于 1583 年死于该地。后来他在伊丽莎白一世面前大为失宠,而且这还让人注意到了他的森林里面的木头:Garrow, D. W. (1818) *The History and Antiquities of Croydon*, Croydon and Strype, J. (1821) *The History of the Life and Acts of Edmund Grindal*, Clarendon Press, Oxford。
15. Tatham(?), J. (1622) *Grim the Collier of Croydon: or the Devil and his Dame, with the Devil and St. Dunstan*, London. 有证据表明,该戏剧的这一印刷版文本的出现时间比最初的文本要迟得多。从英格兰王室工务大臣的助手、演出总监的办公室账簿记录中可以发现,Leicester 伯爵的剧团曾在 1576 年演出过一出名叫 *The Historie of the Colyer* 的戏剧。同样,Grim 好像也在早些时的另一出戏剧 *Damon and Pithias*(1571 年)中被认定为一个与他同名的角色。这些更早的年代与 Grindal 的时代重合,尽管直到 1575 年他才被任命为 Canterbury 大主教。

37

16. Holloway, J. and Black, J. (eds) (1973) *Later English Broadside Ballads*, Routledge & Kegan Paul, London. 由于运煤船主操纵煤价的方式(见 Platt 或 Nef 参考文献,注释 22 与 12),他们的人望很低,因此他们变成了歌谣中受到攻击的对象,例如在 H. D. 与 T. C. (1720s)的 *The Battle of the Colliers*, London Brit. Lib. Cat. c. 116. i. 4(23)。
17. Thacker, F. S. (1968) *The Thames Highway*, vol. I, reprinted David & Charles, Newton Abbot.
18. Wilson, C. H. (1965) *England's Apprenticeship 1603—1763*, Longman, London. 这是一部卓越的著作,其中对本章后面涉及的多个题材进行了讨论:劣质路况引起的麻烦和改用煤做燃料的工业发生的问题,沿岸贸易,木头价格和煤炭用量的增加。

19. Stowe, J. (1592) *Annals of England*, R. Newbery, London; Howes, E. (1631) *Annals of England Continued by E. Hawes*, 由 A. M. 为 R. Meighen, London 出版。

20. *The Endowed Charities of the City of London*, Sherwood, London (1829). John Coston (Costyn) 1442 年的遗嘱要求在万圣节前夜和复活节前夜之间给 All Hallows Staining 教区的穷苦人 25 磅煤。从大约 1633 年起到大约 1660 年止,这一遗嘱中的要求得到了严格的执行,人们向穷苦人发送了木炭。显然遗嘱中的"煤"指的是木炭。然而,在此之后则以海煤代替木炭发送,因为海煤"对于他们的需要更为合适得多"。

21. *Cal. State Papers* (*Dom.*), 1547—1580, 612.

22. Platt, H. (1603) *A New, Cheape and Delicate Fire of Cole-balles ...*, 伦敦,以及 1602 年的一份专利。

23. 有关 Thornhrough, 见 *Cal. State Papers* (*Dom.*), Eliz. vol ccxxiii (10 Oct. 1590);有关 Slingsby 斯林斯比,见 Landsdowne MS 67 no. 20。

24. *Cal. State Papers* (*Dom.*), 1603—1661, 625, 1611—1619, 13;亦见 Nef(上面的注释 12)。

25. *Cal. State Papers* (*Dom.*) Charles I 1627—1628, 269 – 70; Brimblecombe, P. (1976) 'Attitudes and responses to air pollution in medieval England', *J. Air Poll. Control Assoc.*, 26, 941 – 5.

26. 例如,可见于 *House of Lords Calendar* (16 Feb. 1640—1641)。

27. Sutton, A. F. And Sewell, J. R. (1980) 'Jacob Verzelini and the City of London', *Glass Technology*, 21, 190 – 2.

28. Godfrey, E. S. (1975) *The Development of English Glassmaking 1560—1640*, Clarendon Press, Oxford; Kenyon, G. H. (1967) *The Glass Industry of the Weald*, Leicester University, Press.

29. Nef, J. U. (1932) *The Rise of the British Coal Industry*, Routledge, London.

30. 同上书,卷 1, 391。较小的海员总成员数意味着更高的利润,但也意味着船只可以用于远距离航海;举例来说, Cook 的 *Endeavour* 就以作为运煤船主的生活开始。船只尺寸的迅速加大引起了一些担忧,结果有些人曾试图限制运煤船的尺寸(见 *Cal. State Papers* [*Dom.*], 1625—1626, 311)。

38

31. Hull, C. H. (ed.) (1963—1964) *The Economic Writings of Sir W. Petty*, Kelly, New York.

32. Glapthorne, H. (1635) *The Lady Mother*, Malone Society Reprint (1958).
33. 'A recipe for making briquettes' (1644) *British Museum*, 669, f. 10(11).
34. Harrison, W., (1577) in *Holinshed's Chronicles*, Book III, c. 10.

3
伊夫林和他的圈子

39

17世纪中叶的作家如约翰·伊夫林(John Evelyn)等人对于伦敦市民更多地使用煤作为家居燃料多有微词。他们的批评意见是在对污染的抱怨相对沉寂的两个世纪后出现的。正如我们在上一章中所看到的那样,英格兰国王詹姆士一世似乎应该间接地对于这种化石燃料的流行负有责任。立法、专利的授予和煤在皇家家居中的使用,这些全都促进了人们更多地使用这种燃料。然而,这位国王同样关心煤的烟气在伦敦的建筑物上所起的作用。1620年,他因为"圣保罗大教堂的建筑物因长期暴露于具有腐蚀性的煤烟下发生了衰败现象,几乎在向废墟发展而受到了深深的触动"。[1]国王对于烟气魔鬼的担忧也表现在他写的《强烈反对烟草》(*Counterblast to Tobacco*)[2]这篇文章中。在这篇文章中,他不仅表达了对于吸烟增多这一现象的厌恶,同时也在谴责英格兰厨房受煤烟污染的状态时涉及了污染问题。

17世纪有关污染的评论是在科学,特别是实验科学迅速发展的时期出现的。科学家们受到了弗朗西斯·培根①的深刻影响，后者强调细致的实验研究和推理的重要性。这是在这一时期开始出现的有关空气污染的最早研究工作的特色，它们的作者在观察中的细心程度是引人注目的。与 17 世纪早期的科学哲学的发展一起出现的，是科学交流的改进，其中显著的一点是学术杂志的发展。在那个时期之前的科学家经常更情愿保护他们的发现，以期获得物质上的好处；但 17 世纪的绅士科学家们认为，智力上的挑战与广为传播的名声是比金钱上的利益更大的奖赏。1660 年，学术团体如皇家学会(Royal Society)等接纳了《皇家宪章》而成立，这也促进了科学的进步。

就空气污染的研究而言，17 世纪最令人瞩目的人物是约翰·伊夫林。尽管他的名声在今天更多的只是由于一种文学形象并主要集中于他的日记，这些日记描述了 1641—1706 年间伦敦生活的多个方面，但他的其他著作也一直受到现代环境研究学家越来越多的注意，这些科学家开始把他视为这一领域内近似于守护神一样的存在。他的肖像使全国烟气减排学会的杂志《清洁空气》(*Clean Air*)的封面生色，也出现在该学会的正式公文信纸上。环境科学家特别感兴趣的，是他对于城市规划和建筑，对于造林学和空气污染科学方面的贡献。

他是皇家学会的一位活跃成员，并在短时期内担任过该学会

40

---

① 弗朗西斯·培根(1561—1626)，英国散文作家、法学家、哲学家、政治家、科学家。——译者注

的秘书。他论及空气污染的著作 *Fumifugium*①[3] 是一份卓越的作品,并且总是能够成功地提醒读者。他是一位具有异乎寻常的理解能力的人。然而,我们绝不可以孤立地看待这部著作,因为它反映的是许多当时有影响的人物写过和说过的事物。不管怎么说,那是一个鼓励科学讨论的活跃年代。

而且,除了与那些对空气污染有兴趣的同时代学者保持着熟悉的个人关系以外,伊夫林也通晓这一领域的知识的经典来源,以及有关这一课题的最早的英格兰作者。在他的著作《森林志》(*Sylva*)[4]中,他援引了休·普拉特的《煤球的火焰》(1603)[5],这本书我们已经作过简单介绍。普拉特的主要关注点之一是为伦敦的失业者提供有用的工作,这是当时人们熟悉的一个主题。普拉特希望,穷苦人可以用稀薄的黏土糊状物和低质量的煤来制作煤球,从而获得收入。不仅如此,与普通的海煤燃烧生成的火焰相比,这样的燃料燃烧生成的火焰所产生的气味或许没有那么令人讨厌,也可能没有那么大的污染性。他也关心烟气对伦敦的贵族的花园、家具和衣服造成的损害。他声称,这个问题即使在20世纪初之前就已经广泛存在。这提醒我们,在伊丽莎白时代,煤的使用也不是没有后果的。

除了普拉特,作为一个17世纪早期的人物,大主教劳德(Archbishop Laud,1573—1645)或许是在那个时期让伊夫林对空气污染产生兴趣方面最有影响的一个人。尽管这种影响可能是

① 即《伦敦的空气和烟气造成的麻烦的消散,与约翰·伊夫林斗胆提出的一些补救方法》,以下大多采用这一标题或者其简写形式。——译者注

相当间接的,但事实证明,劳德是詹姆士一世时代晚期关心空气污染的最有趣的人物之一。然而,威廉姆·劳德或许并不是对空气污染感到忧虑的第一位大主教。在采取反对空气污染行动方面比他早得多的是教会。有些现代作者宣称,所有那些经常发生的反对使用煤的抗议,可能全都是含硫燃料和反教权主义力量的结合的一部分。[6]但是有可能的是,这一反应只不过反映了当时教会的广泛权力。不管怎么说,我们在上一章看到了埃德蒙·格林达尔大主教对于生产木炭产生的烟气妨害所发出的抱怨。我们曾经认定,克罗伊登的运煤船主的身份是一位木炭生产者;如果这一点确实无误的话,那么,排放的烟气是含硫气体的可能性不大。[7]

我们有很可靠的证据能够说明,劳德对于空气污染有兴趣是因为他受到了弹劾,并于 1640 年被送往伦敦塔关押,他在烟气控制领域内的一些行为在其因叛国罪受审的罪状中赫然在列。[8]这位大主教在宗教和法律事务上都遵循一条严格的准则,这让他很不得人心。似乎他曾因使用海煤而对威斯敏斯特的酿酒师课以重罚,即使他们获得了国王的赦免。圣保罗大教堂(St. Paul's Cathedral)因伦敦空气的受污状态而严重受损;劳德曾把他从酿酒师那里拿到的一部分钱用来修缮该教堂。尽管劳德的管理方法没有太多可以赞扬的地方,但这种管理确实对于细节有着无微不至的关注;因此,煤烟从威斯敏斯特向东朝伦敦市中心方向的漂移所造成的破坏作用自然难逃他的法眼。要让污染肇事人为这些烟气造成的损害付出代价这一愿望如果发生在今天,劳德得到的同情的声音将比在 17 世纪得到的更多。

尽管在事实上,这些行为被用作人们反对这位大主教的证

41

图 3.1 老圣保罗大教堂受到腐蚀性煤烟的严重损坏

据,但他并不是唯一一个对威斯敏斯特的酿酒师施加压力,让他们恢复使用不像煤那么令人厌恶的燃料的人。在 17 世纪上半叶,这些酿酒师可能就与多得令人晕头转向的办公室发生过纠葛,除了形形色色的教会机构外,其中还包括司法大臣,以及瑟基因特律师学院、内殿法律学院和经济法庭的法官们。[9]这些混乱发生的原因可能起源于过去 100 年间逐步发展起来的准立法协议。1578 年,酿酒师行会意识到,伊丽莎白女王因为他们使用的"海煤的气味和烟气而苦恼并感到不悦",他们就此提出,在威斯敏斯特宫附近的酿酒作坊里只用木头做燃料。[10]这一在伊丽莎白时期达成的协议显然是自愿的,因此有人试图把它转变为正式的法律,

42

这种事情不会让我们感到吃惊。[11]此事于17世纪20年代作为一项议案提交到了议会;1623年上议院通过了这项议案,禁止在女王及其朝臣与威尔士亲王及其属下作为住所的、任何房屋周围一英里范围以内的酿酒作坊使用海煤。尽管这一议案在上院得到了通过,但下院却在议会议期结束时取消了这份议案。因此,劳德在17世纪30年代与40年代给酿酒师的处罚与债务(时常高达数百镑)是否合法是值得怀疑的。上院裁定威廉姆·劳德并未犯有叛国罪,但下院却于1644年根据《剥夺公民权法》给劳德定罪,并于次年将之处决。

图3.2 细心而又专制的大主教劳德,他曾因威斯敏斯特的酿酒师排放煤烟而对他们严加处罚

英国皇家学会会员肯内尔姆·迪格比爵士（1603—1665）

17 世纪 30 年代晚期，当查理一世试图出售煤炭贸易独家经营权的时候，以及在后来的内战期间，伦敦经常发生煤炭短缺。这让居民们得以认识到广泛使用化石燃料会对城市的空气造成的巨大不同。在 17 世纪 40 年代议会掌权时期逃离伦敦的保皇党人中包括约翰·伊夫林和肯内尔姆·迪格比（Kenelm Digby）爵士。命中注定，这两个人都将成为诞生不久的皇家学会的成员，并对伦敦的空气污染研究作出重大的贡献。他们对于空气污染的态度是不断成长的；在欧洲大陆的逗留特别是在巴黎生活的时间，必定会是对这种态度的逐渐形成有着关键性作用的经历，因为巴黎是一座很少烧煤的城市。他们在流亡的日子里曾有几次会面，伊夫林曾经访问过迪格比在巴黎的实验室；后者在那里进行炼金术实验，试图用“极度蒸馏的秋分雨水”来溶解黄金。[12]在后来的岁月里，他们进入了同样的圈子。几乎无可怀疑的是，空气污染会是他们在一起讨论的许多课题之一。在他们在欧洲大陆早期的一次会面之后，伊夫林写下了一则日记，其中写到迪格比是一个“彻头彻尾的江湖郎中”（即一个不折不扣的骗子）。尽管这表明他对迪格比的工作的评价并非全然赞赏，但这或许牵涉到迪格比在炼金术方面令人怀疑的理念，而不是他对于空气污染方面的观察结果；伊夫林后来使用了迪格比在空气污染方面的观察。

特别吸引人的是，我们注意到，劳德大主教是肯内尔姆·迪格比爵士在逃亡到欧洲大陆之前的导师。这不禁令人想象到,迪格比和劳德可能有时候谈论过煤烟让伦敦的空气发生的问题。迪格比是在1643年离开英格兰的,他回到英格兰已经是10多年后的事情了;他与劳德的友谊,他是一位天主教徒的事实以及他的父亲与火药阴谋①的牵连,这都是让他不得不流亡这么长时间的原因。由于他这么长时间没有住在伦敦,这就意味着,他有关伦敦空气污染状态的想法,将一定会因为他重新回忆过去的经历而受到影响。他与劳德所看到的伦敦空气污染是同一时代的产物。当肯内尔姆·迪格比爵士于1654年短暂访问英格兰时,他住在约翰·伊夫林那里。在几年后最终回到英格兰之前,他曾发表过几份小册子以强调他的爱国情怀。这些小册子包括《呈交给贵族与知识达人的庄严集会的一份最近研究论述,赐佩十字勋章的肯内尔姆·迪格比爵士于法国蒙比利埃。敷以同情粉剂以使陈伤痊愈;以此法,许多其他自然奥秘可得解封。》[13]本书的题目有时简写为《同情粉剂之论述》(*A Discourse on Sympathetic Powder*)。

《同情粉剂之论述》是一本非常短小的书,是迪格比最知名的作品之一。它包括的讨论范围从“一座受到狂风困扰的罗马女修道院令人赞叹的历史”到“试论黄金与水银”。尽管该书有着作者的特有风格,但它在某种意义上说是相当有现代特色的。迪格比所做出的实验观察被用来证明一种物质的原子理论的真实性。他试图通过非常常见的例子说服读者,物质是以非常小的微粒

44

① 1605年,英国天主教徒预谋在国会地下室放置炸药企图炸死国王。——译者注

(或称原子)的形式高度分散地存在的。他在这本书中的讨论范围十分广阔,这一特点对于论说清晰并无好处。因其著作《有关苹果酒的格言》(*Aphorisms Concerning Cider*)(该书可在伊夫林所著《森林志》的附录中找到)而为人铭记的皇家学会成员约翰·比尔(John Beale)抱怨说,迪格比的著作中讲述的微粒子哲学令人头晕眼花,而他本人早已放弃了这一哲学。休·普拉特曾在17世纪初作过一些努力,尝试以半科学的解释来说明因海煤烟气造成的问题。迪格比试图在空气污染问题上应用一种原子理论,并假定煤烟的损伤作用来自原子是尖锐锋利的这一事实。原子理论在17世纪中叶十分盛行,似乎确实可以从中为迪格比令人眩晕的原子论找到几点有趣的根源。

在流亡巴黎期间,迪格比奔走于逗留在那里的英格兰保皇党

图3.3 “彻头彻尾的江湖郎中”与爱好思索的科学家肯内尔姆·迪格比爵士相信,是伦敦的煤烟造成了患有“结核病与肺病的患者”的死亡

人中间。这些人中包括玛格丽特·卢卡斯(Margaret Lucas),她于1645年与后来成为纽卡素尔公爵的威廉姆·卡文迪许结婚。婚礼是在理查德·布朗(Richard Brown)的私人小礼拜堂中举行的。理查德·布朗是约翰·伊夫林的岳父,是当时驻法国王室的英格兰外交代表。肯内尔姆·迪格比爵士可能并没有参加婚礼,但人们知道他送给纽卡素尔公爵一副望远镜作为礼物。玛格丽特最终成了一位多产但有些怪诞的科学理论作者。她与迪格比具有类似的气质,[15]她在科学推理方面的大胆也与他类似。

45

图3.4 在时尚和思想方面都有些怪诞的玛格丽特·卡文迪许提出了一种煤的燃烧的原子理论

1653年玛格丽特出版了自己的第一部书《诗歌与幻想》(*Poems and Fancies*)。[16]这本书可能从来没有多少人读过。书中的诗歌一塌糊涂,书中的大胆想法与17世纪科学思想的严谨大相径庭。但无论如何,她的想法与疾病起源的瘴气说是一致的。她写道:“空气被污染后就会产生几种疾病。”这完全不是一种新理念。更重要的是她为煤的燃烧提出了一种原子理论:

46

> 为什么煤会让一座房子着火?
> 因为煤全部以原子的尖锐状态存在着,
> 全副武装披尖挂刺,处处锋利无不可破;
> 那些平铺直叙的原子,因其形式而无可奈何。

这些想法有可能对迪格比在写作《同情粉剂之论述》时的思想很有启发。当然在1657年,即“论述”出版的前一年,迪格比在阅读玛格丽特·卡文迪许的科学著作。然后他给她写了一封信,[17]为她赠送给他一部书而致谢,这部书或者是《诗歌与幻想》,或者是《哲学与物理意见》(*Philosophical and Physical Opinion*,1655年)。她的想法似乎对迪格比的如下想法很有启发,即他坚信煤产生的烟中包含一种极易挥发的盐,这种盐的尖锐原子充斥于伦敦的空气之中。如果我们接受在一段时间内流行的想法,即把酸视为尖锐的形如针状的原子,而把碱视为空洞的原子,于是中和的产生就是尖锐的针尖与空洞相互抵消,那么我们可能会更加赞赏迪格比和卡文迪许的想法。我们现在知道,受到煤烟污染的大气的腐蚀性质主要来自硫酸;因此,把空气污染的破坏作用归结于尖锐的原子或者不如说酸，这种说法可以说虽不中亦不远矣。

迪格比特别担忧的，是这些易于挥发并具有腐蚀性质的盐对于肺部造成的损害。他宣称，正是这些盐在伦敦空气中的存在，造成了这座城市中的肺部疾病患者的高死亡率。他认为，在这座都市中，半数以上的死亡是由“结核病和肺部疾病，因他们溃烂的肺部吐血”所造成的。伦敦的空气不如巴黎或者列日①，因此那些患有肺病的有钱人最好到欧洲大陆生活。这一观点与皇家学会成员威廉姆·佩蒂(1623—1687)提出的观点相左，后者认为伦敦的空气更加有益于健康、伦敦的死者少于巴黎的死者，因为伦敦的燃料是一种有益于健康的含硫沥青，它比巴黎的燃料更便宜，也不像后者的体积那么大。[18]他无疑认为，人们更愿意购买便宜而体积小巧的燃料，这种燃料可以在冬天为人们提供温暖、安全的室内空间。迪格比不同意这种意见，尽管他坦然承认，巴黎确实遭受了空气中混杂着的恶臭污物的极度困扰。他坚持认为，巴黎的空气没有伦敦的空气那么有害。正如前面指出的那样，巴黎的大部分空气污染来自城市污水沟中的腐烂废物，这样的嗅觉污染物受到的关注通常远远少于因烧煤而造成的污染物。迪格比在《同情粉剂之论述》中的主要关注点是人的健康；他在空气污染的其他效应上的观察局限于挂毯、珍贵物品、衣物和植物上出现的相当明显的斑点。

47

① 比利时东部城市。——译者注

皇家学会成员约翰·伊夫林
(1620—1706)

与迪格比同为保皇党人的约翰·伊夫林于1661年写下了经典著作 *Fumifugium* 或名《伦敦的空气和烟气造成的麻烦的消散，与约翰·伊夫林斗胆提出的一些补救方法》(*The Inconvenience of the Aer and the Smoke of London Dissipated*)。在书中的致谢中他表示,肯内尔姆·迪格比爵士的书是他的一些材料的来源,而且这本书让人清楚地看到了自伊夫林本人的一些著作(例如《森林志》和他的讽刺小册子《英格兰的性格》)[19] 发表之后的进展。他在《英格兰的性格》(*A Character of England*)这部著作中进一步发展了自己的想法,即认为需要对城市进行广泛的规划,使之成为对于市民们有魅力的处所。他受到了他在欧洲大陆流亡期间的经历的影响。他早期的著作带有对变革充满青春激情的色彩。1664年的《建筑的平行》(*A Parallel of Architecture*)表明,他希望城市能够成为一个有吸引力的生活场所,并表达了他对这样的场所的兴趣。伊夫林发现,伦敦的街道过于拥挤,并且是由怪异而又奢侈的建筑物拥挤而成的。他认为,伦敦的公共建筑的修建程度远远低于欧洲大陆城市的水平。在英格兰,与修缮旧有桥梁或拓宽道路相比,领导人物更倾向于拿下一枚勋章或者修建一座纪念碑。

在《伦敦的空气和烟气造成的麻烦的消散,与约翰·伊夫林斗胆提出的一些补救方法》发表后一段时间,伊夫林在1666年9月4日的《日记》(*Diary*)中把这本书称之为"恶言谩骂"(invective)，但我们不应该认为这种说法意味着他认为这本书是一部咄咄逼人、考虑不周的著作。它的作者在前言中提出，他曾试图仔细观察查理二世在白厅(Whitehall)的宫殿，但当时感觉很不容易看清楚，因为当时这座宫殿被来自附近的苏格兰场的烟气所弥漫。他对此极为愤慨，并在这种愤慨的驱策下写下了这本小册子。尽管伊夫林给出的写作《伦敦的空气和烟气造成的麻烦的消散，与约翰·伊夫林斗胆提出的一些补救方法》的原因可能在某种程度上是真实的，但许多地方仅仅是出于礼仪，因为他渴望得到国王对他的高瞻远瞩的计划的支持。促使他写下这篇著作的真正动力，来自他对于弥漫着烟气的空气具有的有害效果的长期观察研究。他把煤看成一种"阴沉"的燃料，他情愿使用木头或者木炭。1656年，在他从东英吉利①地区返回的路上，他访问了约瑟夫·温特(Joseph Winter)爵士，后者正在进行把煤炼成焦炭的试验(见《日记》，1656年7月11日)。他看到人们在陶质坩埚中煅烧煤炭，一直到它变成了或许耗尽了半数能量的灰烬时方才取出。重新点燃这块经过煅烧的煤能产生令人欣喜的清澈火焰。伊夫林在他后来的著作中没有忘记这一景象，但人们一直对焦炭缺乏热情，他肯定对此深感遗憾。

人们可能会在《英格兰的性格》中发现，他在文中极为热切地表达了对空气污染的早期兴趣。他这样写道：城市被笼罩在

> 这样一种海煤产生的云雾中，就好像在地球上空出现了

---

① 英格兰东部地区，包括诺福克郡和萨福克郡。——译者注

一座地狱。雾天里的火山覆盖着大地，这种有害的烟气腐蚀了大地上的铁质，破坏了一切可以运动的物质，在一切发光的物体表面上留下了一层灰烬：它对居民的肺部的侵袭如此致命，这使咳嗽和肺病对一切人都毫不留情。 48

伦敦的空气状况如此糟糕，伊夫林看不出人们有任何借口能够容忍这种现象。这座城市建立在“大地亲切而又令人愉快的辉煌处所”，它的一面带有轻缓的斜坡，这可以让阳光清洁南部的水道和较低的地点。他假定，当这座城市的“古代创建者”为其选址时，他们一定曾经仔细地考虑了通风的需要。他认为，所有这些都发生在尤里乌斯·恺撒（Julius Caesar）大帝来到英伦群岛很久以前，或者在凯撒的工程师维特鲁维阿斯（Vetruvius）在其建筑学书籍中阐述这些原则很久以前。尽管我们今天肯定会拒绝伦敦的神话基础，但把未来城市的位置放在空气清洁的地点，这种考虑的正确性基本上是无可置疑的。这里完全不存在洛杉矶盆地 49 的问题，不存在让空气持续逆转的高山和海风。尽管伦敦有着视野上的优势地位，但约翰·伊夫林发现，这座城市被一层“如同地狱般的令人厌恶的海煤云雾”所笼罩。造成这种现象的罪名在“经过一番汇集和反复清理之后，直截了当地落到了一些酿酒作坊、染匠作坊、石灰窑、煮盐作坊、肥皂制造作坊的业主和其他私人小业主身上，他们中任意一个的通气孔对空气的污染效果就比伦敦所有的烟囱加起来都要大”。

正如在《伦敦的空气和烟气造成的麻烦的消散，与约翰·伊夫林斗胆提出的一些补救方法》中描述的那样，烟气具有多种效

图3.5 绰号“老席尔瓦”或“老森林志”的约翰·伊夫林是英格兰第一位环保激进主义者

果:它会让教堂和宫殿看上去老旧,让衣服和家具变得肮脏,让图画发黄,会污染雨水、露水和水域,会杀死植物和蜜蜂,会破坏人类的健康和福祉。伊夫林并没有简单地把人们的注意力放到迪格比指出的增加死亡率方面,而是强调了充满了烟气的大气所造成的人们健康状况的总体下降。尽管他也承认,在矿井下和造币厂里工作的工人也暴露在烟气极其浓厚的空气中,并且也依旧存活着;然而他说,对于这种生存状态我们简直无法置评。在这里,伊夫林似乎触碰了一条在我们的现代立法中仍旧非常明显的原则。人们经常可以接受某些职业具有其风险,以及不得不容忍有些人可能会暴露于水平偏高的放射性物质的侵袭面前这种现象。

然而,如果把专业人员面临的暴露水平强加给整个人类,这就未必是人们所能够接受的了。

伊夫林意识到,解决都市的问题绝不简单。他提醒读者注意"有烟必有火"和"有火必有烟"这两句话。伊夫林向后一句发起了挑战,他提出了烟气减排政策的精髓,这一点人们历时两百年才最终接受。尽管在没有火的情况下不可能找到烟,但人们却可能在有火的情况下找不到烟,至少找不到许多烟。他认为,成功地做到这一点的一个途径,将是向伦敦的各家各户提供木头——这是一种令人愉快得多的家用燃料。然后就有了把木头或者煤变成木炭或者焦炭的可能性。然而很明显的是,这些措施还不够。伊夫林痛感工业才是其中的主要问题,因此他向议会提出一项将所有令人厌恶的工业挪移到伦敦外围去的议案。这些工业将被"挪移5英里或6英里①,或者至少足够远,使之位于河流之岬以外,并保证让格林尼治(Greenwich)(或者乌列治)免除普林斯迪沼泽(Plumstead-Marshes)的空气的侵袭。他用的"岬"这个词似乎指的是泰晤士河的转弯处或者是一个可以安置工业的山坡。他所设想的地点可能位于舒特斯山(Shooter's Hill)之下(见图3.6)。泰晤士河上增加的交通将为伦敦的众多水手提供就业。对于那些必须距离伦敦更近的工业,可以把它们安置在"波维镇(The Town of Bowe)",那里有持续存在的风,可以部分解决空气污染的问题。

《伦敦的空气和烟气造成的麻烦的消散,与约翰·伊夫林斗 *50*

① 1英里约等于1.6千米。——译者注

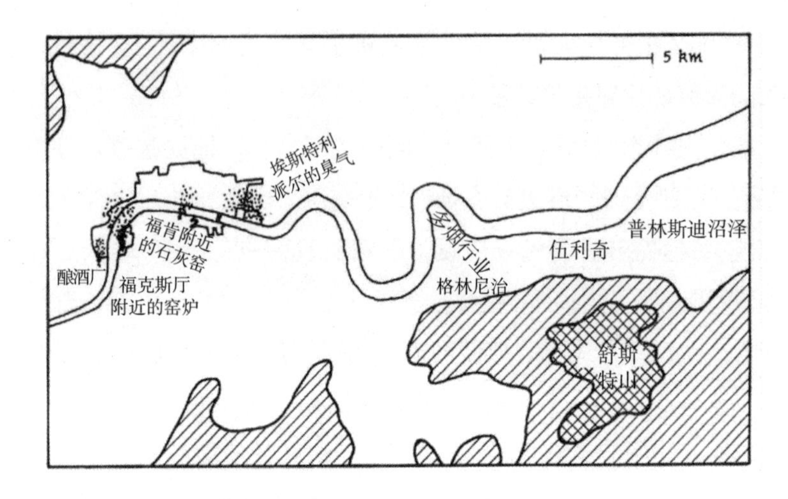

图 3.6　表明伊夫林指出的空气污染源和他指出的多烟工业所在地的伦敦重建图

胆提出的一些补救方法》的最后一部分含有关于其他行业的怪味排放问题的讨论,例如蜡烛制造业和屠宰业,这些行业产生的大量可分解的垃圾经常会对居民有所冒犯。这些行业也应该被挪移到城墙以外。最后,作为走向空气净化的积极的一步,将在城市四处栽种香气怡人的花朵、植物和灌木。

1661 年 9 月 14 日,《伦敦的空气和烟气造成的麻烦的消散,与约翰·伊夫林斗胆提出的一些补救方法》被呈至英王查理二世御览,他显然对这本书是“依照国王陛下之令出版”的词句感到高兴。然而在同年推出的第二版中,这一词句从标题页上删除了。或许查理二世已经改变了主意。伊夫林与查理二世于 10 月 1 日讨论了在《伦敦的空气和烟气造成的麻烦的消散,与约翰·伊夫林斗胆提出的一些补救方法》中提出的问题,国王指示伊夫林准备一份提交议会的议案。这份议案的草案由王后的律师彼得·伯尔(Peter Ball)爵士草拟;根据伊夫林的《日记》记载,该草案于1662年1月11日送达伊夫林。这份法案将把多烟行业从城市中撤出,但我们再也没有听到有关它的任何消息,因此只能假定这份法案被撤销了。伊夫林无疑对法案胎死腹中,和英格兰君主对环境问题表现出的缺乏毅力很失望。或许伊夫林计划的失败是因为缺乏财政方面的考虑,因为他没有在其著作中的任何地方表现出他了解他的重建计划必然会带来的经济问题。[20]环境理想主义经常与经济考量发生冲突。

伊夫林没有放弃。在后来的年月中,他对伦敦的建筑发生了进一步的兴趣,并从1662年5月起担任负责改善城市街道的专员。但他似乎是一个相当不活跃的专员,在他的任期内只参加过三次会议。[21]尽管如此,在《伦敦的空气和烟气造成的麻烦的消散,与约翰·伊夫林斗胆提出的一些补救方法》中规划的计划至少有一部分取得了某种程度的成果,就是其中关于栽种芳馨怡人的花朵的花园的建议。 51

在1666年的伦敦大火摧毁了该市如此之多的建筑之后,重建的最佳机会到来了。伊夫林宣称,许多人把他在《伦敦的空气和烟气造成的麻烦的消散,与约翰·伊夫林斗胆提出的一些补救方法》中所看到的东西视为预言性的:他曾警告过与伦敦的工业同时出现的火灾的危险。[22]他在大火之后的多个星期里画下了城市被摧毁部分的地图,并向查理二世呈上了一份重建的大体规划。在紧随大火之后的国家文件[23]中可以看到他对此发挥的影响力。这些文件建议,在重建时,伦敦的"酿酒作坊、面包作坊、制糖 52

图 3.7　迪格比抱怨烟尘，因为它们弄脏了晾在外面的衣服

作坊和其他需要排烟方能维持生产的行业，都将在官方指定给它们的同一个地区经营”。这当然没有达到伊夫林希望的程度；把这些行业完全挪到城市的边界之外，将是他最希望的解决办法。尽管他和当时其他一些目光远大的人物产生了影响，但人们没有按照建设新伦敦的一揽子计划进行。随之而来的重建工作杂乱无章，伦敦的空气污染依然如故。

皇家学会成员约翰·格朗特

伊夫林和迪格比都确信,是伦敦的大气污染造成了伦敦市民的死亡。迪格比没有给出他的伦敦死亡率信息的来源。然而伊夫林在《伦敦的空气和烟气造成的麻烦的消散,与约翰·伊夫林斗胆提出的一些补救方法》中讨论 K. 爵士(指迪格比)的工作的一个部分中说,人们可以很容易地在伦敦地区的出生与死亡周报表中找到相关证据。出生与死亡周报表是保存医学统计数字的一项早期尝试,是在前几个世纪不断地出现的肆虐伦敦的瘟疫的刺激下诞生的。这些周报表最早出现在 1532 年,最先只是在瘟疫出现的时候才发表。然而在伊丽莎白一世治下,它们变成了定期发表的系列,因此包含了大量有关伦敦市民健康的医学信息。

当迪格比和伊夫林这两位皇家学会成员撰写书籍表达他们对伦敦大气状况的担忧时,服装商人约翰·格朗特(John Graunt)则把所有来自伦敦出生与死亡周报表的统计信息收集起来以备分析。他完成了这项工作,并于 1662 年以《以 1662 年的出生与死亡周报表为基础进行的自然与政治观察研究……》为题发表。[24] 这本书注定会产生巨大的冲击。它的价值如此明显,以至于查理二世推荐皇家学会选举格兰特为成员,并给予这样的评论:"如果人们能够发现如此水平的其他商人,他们应该保证将其全部吸收,不需要任何拖延。"这或许很好地反映了这位国王对于皇家学会的感觉,即该学会推崇了太多的不能产生利润的实验,其中包括罗伯特·波义耳(Robert Boyle)“称量空气”的实验,他试图通过这类实验认识气体的性质。[25]

格朗特的书到现在还是人口统计学的一份开创性工作。它不仅仅是市内死亡数字的简单报表,它表现出了人们对于固有的统计问题的理解,这些问题是当人们试图利用庞大的数据组成来得出有关这些数据的一般陈述时出现的。格朗特认识到,积攒下来的数据量如此之大,读者不可能完全领会它们的内在本质。因此,人们必须以某种方式把这些数据精简成一个更为简单的形式。这就牵涉到了重新列表和一些简单计算,这便可以让人们得以将自己的注意力集中在这些数字的重要的方面。他也看到了数据本身内在的性质,从而问出了这样一类问题:这些数据是可靠的吗?人们是如何收集它们的?

图3.8　搜查者,探查死亡原因的老年妇女

教区神职人员根据搜查者发来的报告汇总数据，出生与死亡周报表根据他们上报的数字每周发表一次。所谓搜查者是一些"年高德劭的妇女"，她们对办公室立过誓言，负责检查教区内所有死者的尸体以确定死亡原因。很明显的是，这些人的医学知识水平只处于初级阶段，而且参差不齐，所以她们在报告中给出的死亡原因经常是模糊不清与不准确的。格朗特清楚不准确的观察可能会对他的工作产生的效果。例如，他的研究对因佝偻病死亡的死者数目的上升特别有兴趣（见图3.9）。不可能知道这种上升的原因是什么。是因为这是在相对近期内发生的新病呢，或者说，这只不过是人们拥有了更多的诊断经验的反映？内科医生弗朗西斯·格里森（Francis Glisson）[26]认为这是一种新病。格里森是《佝偻病的治疗》（*Tractatus de Rachitide*）这篇科学论文的作者。人们认为，这篇有关该病的论文是这个世纪最优秀的医学著作之一。他可能是当时英格兰人中拥有有关佝偻病的知识最多的一位。尽管实际上这种病甚至在最早的人类族群中即有零星出现，但他还是认为这种疾病是一种新病，这一事实说明它在人类中的流行有了惊人的增加，这种增加肯定是17世纪上半叶的特征。突然出现、很快出名、然后消失，这种新疾病的理念在那个时代是很流行的。这种情况在之前的世纪中曾有出现，英格兰汗症（English Sweat）①就是其中之一。当时，长期医学记录仅仅存在

① 英格兰汗症是一种发生在英格兰都铎时期的严重病症，它首先发生在英格兰，后来蔓延至欧洲，在1485—1551年多次爆发，许多人病死。没有人知道这种病的病因，甚至连这是一种什么样的病也不知道，因为自1578年以来该病即告绝迹。——译者注

于一些古典来源之中,且主要与较热的气候条件有关,人们在这样的时候得出这样的结论是可以理解的。

在历史上的许多时期内,佝偻病是相当罕见的疾病,或者说,这种病仅仅局限于某些极端贫穷的地区。从本质上说,这是一种营养缺乏症,起因是维生素 D 缺乏。人们通常把这种病症归罪于饮食失当,但它也可以起源于缺乏日晒。钙的新陈代谢紊乱可以让人的骨质松软,特别是幼龄人。人们很不容易估计在斯图亚特时期①控制伦敦的佝偻病发病率的各种因素,当时甚至查理一世的女儿伊丽莎白公主都可能罹患此病;[27]但人们注意到,这种病的增多是与煤在伦敦的使用量增加平行并进的,这一点很有意思。不妨让我们假定几种相互联系的因素可能有助于这种疾病的发生频率的增加:(1)小冰河时期的寒冷气候让人几乎把全身都遮盖了起来;(2)随着物资短缺一起发生了物价上涨,造成食物质量低下;(3)烟灰密集的雾状天空。当时的灰色天空肯定遮蔽了很大一部分冬季的阳光,旅行者对此多有评论。曾于 17 世纪下半叶造访伦敦的 H. R. 边沁(H. R. Bentham)写道:"英格兰人经历的气候多为云层遮蔽,天空灰暗。"[28]看起来,格朗特似乎在偶然的情况下注意到了某种疾病的患病率的增加,而这种疾病可能是因为城市大气污染造成的。然而,当时的医学科学无法为他提供足够的知识,因此他无法把佝偻病与悬浮在伦敦空气中的微粒状物质对紫外辐射的遮蔽作用联系起来。

① 斯图亚特时期指 1603—1714 年。——译者注

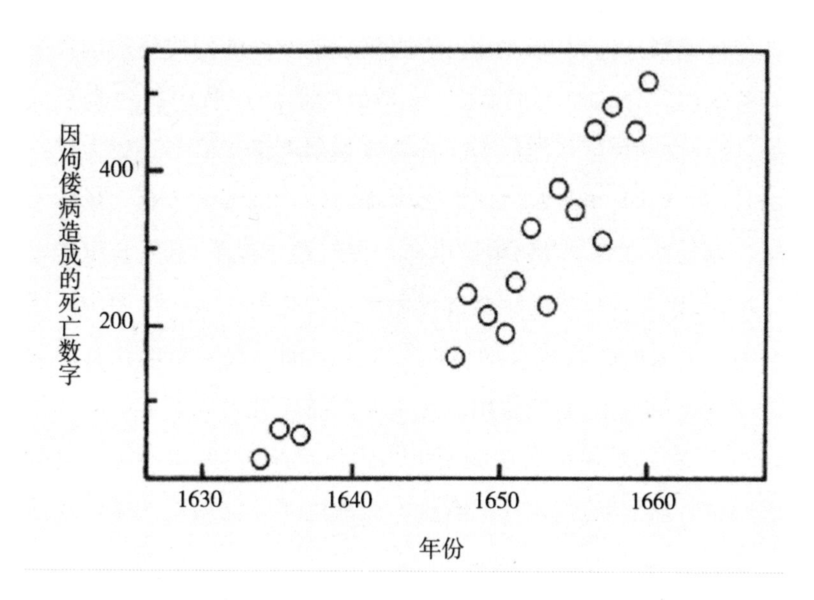

图 3.9　17 世纪伦敦因佝偻病造成的死亡数字

悲剧的是,直到 19 世纪晚期,人们才认识到了佝偻病的起因,以及通过适宜的饮食就可以简单地对它进行预防和治疗这一事实。在这个时候,生活在英格兰城市中半数以上的儿童都患有这种病。维多利亚时代城市上空烟气弥漫的天空无疑与佝偻病引人注目的发生率有关,[29]但今天,幼龄人中骨质病的发生率就低得多了。然而,把这一变化归因于较为清洁的空气是错误的;是改善了的饮食在降低佝偻病发病率方面作出了最大的贡献。如果我们检视较为年长的人中的骨质疾病,我们就会发现一些统计证据,它们说明,空气污染可能与他们的骨质变弱有关。埃迪给出了空气中烟气水平与因摔倒造成骨折而死的人数之间的相关性。[30]

55

近年来,人们对于在移民者的孩子中发生的佝偻病病例数字有些忧虑。开始时人们假定,这是因为他们皮肤中的色素造成的,因为这种色素让他们不能有效地利用英伦群岛冬天较为稀少的日照。然而,更晚些的证据再次指向饮食因素。含有大量碳水化合物的饮食会让骨骼生长迅速。在有些情况下,其生长可能过于迅速,以至于骨质的钙化过程无法正常进行。另一个原因可能与他们摄入的碳水化合物种类有关。亚洲移民儿童的饮食经常以印度薄饼为主,它们是用未加精制的碳水化合物制成的。人们认为,这种物质往往会在肠子里与钙形成络合物,从而阻止钙被吸收进入血液的过程,而只有进入血液的钙才能最终用于骨质的形成。[31]

将特定的疾病如佝偻病与空气污染相联系是不容易的。格朗特试图就海煤对人类健康的影响进行更为一般的评论。显然,根据来自出生与死亡周报表的证据,在查理二世进行的重建工作之后,伦敦市区的死亡率大大高于乡村地区。将整个世纪的上半叶视为一个整体看待之后,他给出了以下数字:在 1603 年与 1644 年之间,伦敦市埋葬了 363 935 具尸体,而受洗的人数只有 330 747 例;而对于乡村教区来说,以萨默塞特(Somerset)为例,那里埋葬了 5280 人,与之相比,受洗者为 6339 人。格朗特感到,存在着几个让伦敦的死亡率高于出生率的原因。他认为出生率可能出于几个因素而降低:(1)那些因生意或享乐而在伦敦居住的人把妻子留在乡村;(2)学徒工没法结婚;(3)水手的妻子住在城市里;(4)城市里有许多通奸和乱伦行为;(5)在伦敦做生意压力很大。

然而,他也考虑到了伦敦的死亡率可能高于乡村。人们把伦敦的恶臭和空气视为对死亡率有影响的重要因素。人们认为,对健康有害的空气性质的主要原因是海煤烟气的存在,这一存在在17世纪的增加量相当之大。烟气不单单是令人感到不快,它能引起“许多人无法忍受的窒息”,这让伦敦的死亡率与乡村相比要糟糕得多。

这些结论是很有趣的,尽管它们几乎不可能是完全正确的。把高死亡率完全归咎于大气污染,这就忽视了许多其他的环境因素:广泛存在的营养不良,恶劣的卫生条件,对新生儿照料不周;相对高的人口密度,这会让疾病迅速传播,这种情况在人口居住更为分散的乡村是不会出现的。格朗特的结论的一个更为重要的方面,是它们对于当时人们的一般看法产生的启迪。格朗特是一个服装商,这意味着他并没有接受过能让他与最新的医学发现保持同步的医学训练。他的想法或许来自17世纪中叶人们相当广泛地具有的信念。格朗特的《自然与政治观察》(*Natural and Political Observations*》让我们想起,17世纪的人们相信,疾病是通过病菌在空气中的传播发生的。正如我们已经说过的那样,这一类理论自从古典时代就很流行;格朗特认为,在以每一周为间隔出现的死亡率的剧烈涨落中,他发现了支持瘟疫的瘴气起源理论的证据(见表3.1)。他相信,这些变化可能会与“空气”中发生的变化相关,但他并没有尝试用任何气象数据来支持他的论点,因为他的研究在皇家学会和一批当时的英格兰内科医生开始对记录气象数据发生兴趣之前已经实际上完成了。[32]

56

表3.1　约翰·格朗特以如下数字说明因空气状况发生波动而产生的死亡率的剧烈波动

周	死亡人数
1	118
2	927
3	993
4	258
5	852

出处：格朗特，J.《以出生与死亡周报表为基础进行的自然与政治观察研究……》，伦敦（1662年）。

1664年，另一位皇家学会成员纳萨尼尔·汉索（Nathaniel Henshaw）在都柏林发表了《为更好地保持健康、治愈疾病，依照新方法记录空气状况》（*Aero-chalinos*）；[33]这是一部有关健康的体质需要新鲜空气的严谨著作。它表达了人们对于大气和健康之间的关系越加广泛的兴趣，同时也解释了气象学的早期发展与医药紧密相关的原因。

人们用不少谚语来描述气候与健康的关系，然而，这本书对于气象学的兴趣超越了单纯格言的层次。关于大气化学的研究，特别是有关痕量（trace）组成的研究，则似乎是从当时疾病起源的瘴气说而来的。由于那个时候不存在细菌理论，因此，科学家们自然而然地把有毒的微量元素假定为空气中存在的传染性物质。当时人们并没有认为空气中含有的所有微量成分都是有害的。毕竟迪格比的“同情粉剂”就是由空气传播的、必然会对人有益处的物质。然而,17世纪的科学家们认为,在空气中的化合物和人类健康之间存在于某种关系,正是由于有这种关系,确定在大气中的这些元素是重要的。皇家学会成员罗伯特·波义耳(1627—1691)提出了一些或许可以从中发现它们的方法,[34]虽说他不大可能曾经用过这些方法中的任何一种。当早期的科学家假定大气中的疾病传染源时,他们认为他们已经知道,具有毒害的物质在数量很大时应该是液体或者粉末。伊夫林认为,从煤提炼焦炭的过程将对城市里人们的健康具有重要的含义,因为这一过程将去除砷和硫。一位名叫约翰·卡特(John Carte)的内科医生写信给皇家学会成员尼希米·格鲁(Nehemiah Grew)(他后来在1677年成为皇家学会的秘书),中心内容是化铅熔炉的排放物对健康的影响。德比郡(Derbyshire)有一种本土固有的疾病,叫作贝兰德(Belland)。卡特认为,这种疾病是由熔炉烟气中含有的有害物质造成的。他认为这可能是痕量的锑或者汞。[35]

57

确定大气中影响健康的痕量成分的早期尝试看上去很古怪,但考虑到人们在认识环境毒素的作用时仍旧遭遇的困难,人们很容易就会同情这些早期科学家。即使在今天,我们大部分有关毒素的知识都是建立在实验基础上的,而这些实验是在非常高的污染物浓度下,而不是在大气的标准浓度下进行的。有关这些毒素在低得多的浓度下的作用的知识经常只是略超出有一定根据的猜测。因此,早期的皇家学会成员选择人们已知的毒素例如铅、砷和锑作为被污染的空气中包含的恶性物质,这也就没有什么可惊奇的了。

58

尽管皇家学会的会员们就疾病的来源和伦敦空气的质量进

图 3.10　伦敦没有大规模的制铅工业，但从中世纪到现代，水管工的工作都会偶然引起人们的投诉

行了辩论，但他们似乎对于降低烟气水平并没有作出什么实际贡献。不过可能有一个例外，那就是皇家学会成员亨利·胡斯特尔(Henri Justel)，他描述了一种可以消化自己发出的烟气的火炉，[36]

图 3.11 胡斯特尔的无烟火炉，它可以使用沙丁鱼油或者猫尿做燃料而不会引起人们反感

并在学会的杂志上发表了有关说明(见图3.11)。在这一装置中，一旦火炉的烟囱变得非常热了，烟气将向下通过煤，这就意味着，煤在其中的燃烧与19世纪人们开发的更为复杂精巧的炉火系统在很大程度上是相同的。据说这一特定的火炉如此成功，甚至“浸泡在猫尿里的煤烧起来也毫无异味”。

历史证据

许多格朗特能够得到的统计材料直到今天还依然存在。这让我们得以用现代知识作为指南，来重新检查他的结论，并评定诸如气象一类因素在影响伦敦市的死亡率方面的相关性。

观察在特别多雾天气里的死亡率,这是一项相当有趣的练习。我们可以通过阅读每日的天气日记来找出在哪些天里雾非常大。足够令人吃惊的是,我们可资利用的最好的日记并非来自某位科学家。占星家约翰·盖布利(John Gadbury)[37]坚持写下了一份1668—1689年的非常完整的伦敦天气日记。纯粹出于偶然,盖布利在他的天气日记中记录了“大臭雾(Great Stinking Fogs)”。这些非常严重的雾,有两次发生在1679年11月中旬的一个星期内,那也正好是死亡率非常高的一个星期。在图3.12的上幅图中表示的是每周的死亡率。死亡的实际原因可以通过参考出生与死亡周报得出,因此在此图下面的图中我们可以示出死于“恶咳症(tisick)”的人数,这一病名指的是一种肺部疾病,在周报表中时常将其归属于哮喘。最下面的一幅图表示的是盖布利观察到的每周下雾的天数。在柱状图的每一个直方带上用阴影示出“大臭雾”的出现。我们可以看出,死亡总数在11月中旬那一周的大雾之后急剧飙升。除此之外,因恶咳症而死的人数也出现了急剧增加。人们也可以从周报表中得知,在同一周内,老年人的死亡人数也出现了峰值。图中显示的另一个值得注意的特征,是在此后不久还有第二个出现浓雾的星期。在这一周里,死亡率的变化没有什么值得注意的地方。可能的情况是,总人口中最易受感染的那批人已经死于第一次浓雾来袭的时候,于是第二次来袭的浓雾遭遇的便是相对健康的一批伦敦市民,因此死亡率便没有太厉害的增加。

大体上说,我们发现,17世纪的伦敦开始受到许多我们今天认识到的空气污染问题的困扰。这一世纪也见证了科学知识的

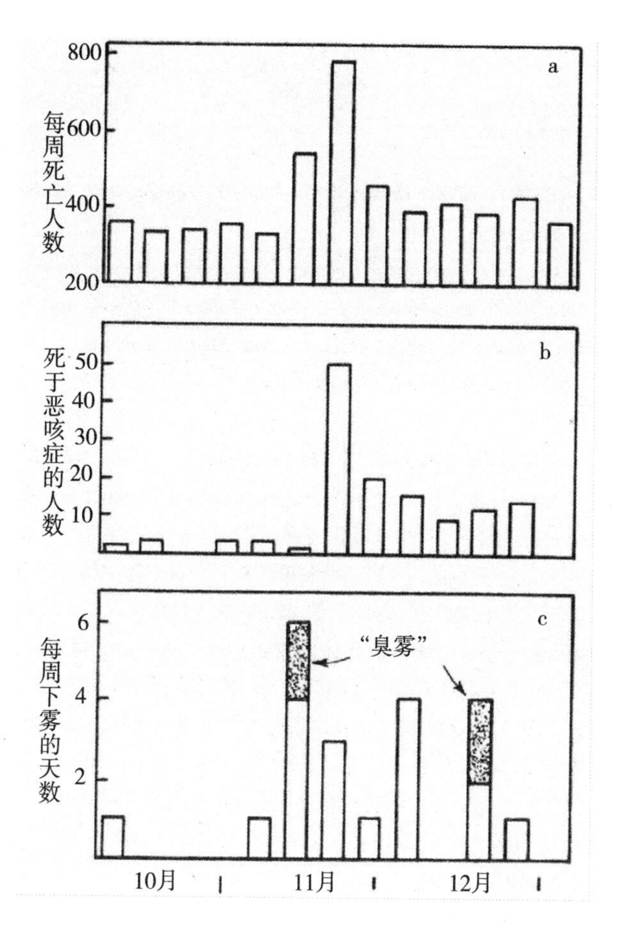

图 3.12　17 世纪晚期伦敦出现严重大雾天气时的每周死亡率:(a)总死亡数;(b)死于恶咳症的人数;(c)每周下雾的天数以及用阴影表示的出现“大臭雾”的天数

发展。对于伦敦来说幸运的是,它有幸拥有这样一批市民,他们是对于空气污染对该市福祉存在的风险表现出了清晰的把握的人物。具有讽刺意义的是,没有人利用这批市民的知识。

注 释

1. Dugdale, Sir W. (1658) *History of St. Pauls in London from its Foundation*, Tho. Warren, London.
2. King James I, *A Counterblast to Tobacco*, reprinted by Rodale Press, Emmaus, Penn. (1954)。亦见 Sylvester, J. (1616) *Tobacco Battered and Pipes Shattered*; Davies, Sir J. (1590) *Epigrams and Elegies* and Boas, F. S. (ed.) (1935) *The Diary of Thomas Crosfield*, entry for 13 Aug. 1627, Oxford University Press。
3. Evelyn, J. (1661) *Fumifugium, or The Inconveniencie of the Aer and Smoak of London Dissipated...*, printed by W. Godbid for Gabriel Bedel and Thomas Collins, London. 这部伟大的经典著作或许是在 1661 年 9 月第一次出版的(见 Evelyn 的 *Diary*(下面的注 12),1661 年 9 月)。1661 年的第二版删除了"依照国王陛下之令出版"这一词句。B. White 在 1772 年又出了一版。天鹅出版社(the Swan Press)和阿什莫林博物馆(the Ashmolean Museum)分别在 1929 年和 1930 年再次出版了该书。全国烟气减排学会于 1932 年再版了此书,并于 1961 年重新出版该书并庆祝其问世 300 周年。该书在美国有一个重要的版本,收集在 J. P. Lodge 选的 *The Smoke of London: Two Prophecies* 中,1970 年由麦克斯韦重印公司(the Maxwell Reprint Company)出版。一个比较近代的英格兰版本是 Evelyn, J., *Fumifugium*, The Rota, University of Essex, Colchester(1976)。
4. Evelyn, J. (1664) *Sylva, or a Discourse of Forest-Trees...*, London.
5. Platt, H. (1603) *A New Cheape and Delicate Fire of Cole-Balles...*, London.
6. Chambers, L. A. (1968) 'Classification and extent of air pollution problems', in Stern, A. C., *Air Pollution*, Academic Press, New York, vol. I, 1-21.
7. 很典型的,木头中的含硫化合物含量甚低。尽管如此,人们还是对于来自家具的木头燃烧排放的一系列化合物有许多担心:见 Cooper, J. A. and Malek, D. (1982) *Residential Solid Fuels*, Oregon Graduate Centre, Beaverton, OR。
8. Manuscripts of the House of Lords, vol. XI; 382-5 from 'Original papers in

parliament att the tryall of the Archbishop of Canterbury'.

9. 同上;*Historical Manuscripts Commission*, vol. IV, 54, House of Lords Calendar 16 Feb 1640—1641; *Cal. State Papers* (*Dom.*), Charles I. Vol. CCCXI (15 Jan. 1636)。

10. *Cal. State Papers* (*Dom.*), 1547—1580, 612.

11. *Royal Commission on Historical Manuscripts*. Third Report, 1872, 28.

61

12. de Beer, E. S. (ed.)(1956) *The Diary of John Evelyn*, Clarendon Press, Oxford, entry for 7 Nov. 1651. 此后所有伊夫林日记参考文献皆出于这一版。日记的日期条目将另行给出。

13. Digby, Sir K. (1658) *A Late Discourse* . . . ;据说是由 R. White 从法文版本翻译过来的,但该法文版本不为人知。

14. Maddison, R. E. W. (1969) *The Life of the Honourable Robert Boyle FRS*, Taylor & Francis, London.

15. Grant, D. (1957) *Margaret the First*, Hart-Davis, London.

16. Cavendish, M. (1653) *Poems and Fancies*, J. Martin & J. Allestrye, London.

17. *Letters and Poems in Honour of the Incomparable Princess*, *Margaret Duchess of Newcastle*, J. Martin & J. Allestrye, London (1676).

18. Petty, Sir W. (1690) *Several Essays in Political Arithmetick*, R. Clavel & H. Mortlock, London. 佩蒂肯定在收集这些煤炭消费数字的工作上投入了许多努力。他是在 1677 年应 John Lowther 勋爵(威斯特摩尔兰德郡的代表)之请为都柏林收集数字的,见 Landsdowne, Marquis of (ed.) (1925) *The Petty Southwell Correspondence 1676 – 1687*, Constable, London。

19. Evelyn, J. (1659) *A Character of England*, 于 Digby 的 *Discourse on Sympathetic Powder* 发表一年后发表。

20. 见 Parry, G. (1976) 为轮值版 *Fumifugium* (University of Essex, Colchester.) 的前言所作的注释。

21. de Beer, E. S. (ed.) (1938) *London Revived*, Clarendon Press, Oxford.

22. Evelyn, J., *Diary*, 4 September 1666.

23. *Cal. State Papers* (*Dom.*) Charles II, vol. CLXXV, 13 September 1666.

24. Graunt, J. (1662) *Natural and Political Observations* . . . *Made upon The Bills of Mortality*, London. 在此使用的版本是 Graunt, J. 与 King, G. (1973) 的 *The Earliest Classics*, 格列格国际出版社中的再次印刷。Campbell 在 *The*

Dictionary of National Biography(Oxford University Press,1917 ...)中的格朗特传记中提到,*Observations* 出版于 1661 年,这一点很让人感到新奇,因为这就是说,本书与 *Fumifugium* 是同年出版的。伊夫林显然至迟于 1666 年见到过 Graunt 的工作,因为在前者的 *Londinium Redivivum* [见 de Beer, E. S. (ed.) (1938) London Revived, Clarendon Press, Oxford]中他援引了后者的这一著作。德比尔指出,人们把格朗特的 50 本书分发给了皇家学会的会员们,但似乎难以相信 Evelyn 会在 *Fumifugium* 一书出版之前见过 Graunt 的著作。

25. Spratt, T. (1667) *The History of the Royal Society*, J. R. for J. Martyn, London.
26. Biography of Glisson in *The Dictionary of National Biograply*, Oxford University Press(1917……).
27. Burland, C. (1918) 'A historical case of rickets: being an account of the medical examination of the remains of Princess Elizabeth, daughter of King Charles Ⅰ, who died at Carisbrook Castle, September 8, 1650', *Practitioner*, 100, 391 -5.
28. Bentham, H. R., 见 Robson-Scott, W. D. (1952) *German Travellers in England*, Basil Blackwell, Oxford.
29. Howe, G. M. (1972) *Man, Environment and Disease in Britain*, David & Charles, Newton Abbot.
30. Eddy, T. P. (1974) 'Coal smoke and mortality of the elderly', *Nature*, 251, 136 -8.

62

31. 读者可以在 *New Scientist*, 72(1976), 654 中找到一份有关今天英国的佝偻病的带有参考文献目录的报告。
32. Manley, G(1952) 'Weather and disease: some eighteenth-century contributions to observational meteorology', *Notes and Records of the Royal Society*, 9, 300.
33. Henshaw, N. (1664) *Aero-chalinos*, Dublin.
34. Boyle, R. (1692) *A General History of the Air*..., A. & J. Churchill, London.
35. Hooke, R. (1726) *Philosophical Experiments and Observations*, W. Derhanm, London; 亦见于 Hall, J. (1750) 'On noxious and salutiferous fumes', *Gentleman's Magazine* 20, 454。
36. Justel, H. (1686—1687) 'An account of an engine...', *Phil. Trans.*, 16, 78.

37. Gadbury, J. (1691) *Nauticum Artrologicum*, London. 根据 *The Character of the Quack-Astrologer, John Gadbury*(1673)一书的出版情况看,因 Gadbury 与天主教徒阴谋案①的牵连,人们并不总是能够充分地评价他的成就。

① 1678 年泰特斯·奥茨捏造了一个天主教徒阴谋杀害国王查理二世的计划,并由此掀起了迫害天主教徒的狂潮。——译者注

63

4
空气污染对于烧煤的伦敦的影响

当煤代替了木头成为主要的家居燃料之后,17 世纪发生的变化比随后的 18 世纪发生的变化更令人吃惊。当然,用煤量随着城市人口的增加而增加了;实际上,前者的增加比人口的增加要快一点,而在接近 18 世纪末的时候,煤的进口量突破了每年 100 万吨大关。燃料的人均消费量的增加反映了财富的增长和技术的进步。与用煤量的稳定增加平行并进的,是几乎所有工业过程对这种燃料的采用。人们很容易就会相信,随着燃料消费的增加而来的是空气污染的增加;当然,与其持续增加的人口相比,伦敦的面积没有出现成比例的增加来容纳这些人口,这一事实或许增强了污染问题的发展。因为这样一来,在伦敦市内燃烧的燃料的密度就有了持续的增加。

伦敦的大气中的高水平空气污染物开始以相对微妙的方式改变伦敦市民的生活。诗人斯维夫特和盖伊(Gay)的讽刺作品让人们想到,走在 18 世纪早期的伦敦街头不是什么赏心悦目的经历。[1]人们很有可能会接受一场饱含烟灰的雨水淋浴的招待,或是被一场令人憎恶的雾夹雨吞噬。除了城市大气这种令人感到不方便的方面之外,城市的街道也被洒落的烟灰污染得一塌糊涂。迪格比[2]早在17世纪50年代就指出了在一个浓烟缭绕的城市里让服装保持清洁这一问题,但到了18世纪,情况已经变得如此严重,以至于女士们开始在她们的鞋上穿上了铸铁套鞋来防止裙裾被地上的灰尘和烟尘覆盖;而且人们的衣服也受到了如此严重的"浓烟化",这让人们在18世纪的伦敦开办了许多繁荣的企业来翻新清洁衣物。[3]

在我们看来,防止烟气排放似乎是对这些问题的最佳应对方式,但在18世纪,人们对此的解决方式则与此大为不同。著名的慈善家约翰·汉韦(John Hanway)最为人们牢记的,是他对烟囱清洁工的健康的关注;后来他因为在伦敦街道上带着一把伞而成了人们嘲笑的对象。当时这种习惯被人们认为是相当非英格兰化的;[4]更为合适的做法是坐上轿子而不是用这样一种装置挡住墨水一般的雨水。雨伞的这种用法或许也解释了雨伞上涂着黑色的传统原因。在19世纪,污染在时尚方面的影响也是显而易见的:当美国演讲者拉尔夫·瓦尔多·埃默森(Ralph Waldo Emerson,1803—1882)在被浓烟玷污了的英国进行巡回演讲的时候,有人告诉他,让衣物保持白色是毫无希望的,这让女士们形成了一种相当邋遢的穿衣方式。[5]来自欧洲大陆的访问者注意到,英格兰人更为偏爱的颜色是奶油色而不是白色,而且当然,在爱德华时代①也有许多灰白色服装的例子。单调的服装颜色直到现在仍然

64

① 指英王爱德华七世的时代,1901—1910年,有时也把这一时代延长到他死后的1914年。——译者注

是工业密集的英格兰中部地区人们的形象的特点，从中找到爱德华时代的服装趋势一直延伸到20世纪的证据，这种想法很有让人一试身手的欲望。例如，这样的图像会出现在诸如罗瑞(Lowry)一类艺术家的油画中。

在家具方面的时尚也受到了影响。早在16世纪刚刚开始的时候，人们就偶尔注意到煤烟损坏房间内部装饰的现象。1510年，诺森伯兰郡伯爵就曾在圣诞节期间特别预定了一批木头，因为那时因为担心煤会损坏因节日而特意悬挂的挂毯而无法烧煤。[6]从17世纪的描述中我们知道，悬挂的装饰物和图画所遭受的损失在约翰·伊夫林的时代绝非少见。烟气对于家居房屋内部造成的损坏似乎直到18世纪还对室内装饰的风格具有重要的影响。[7]1725年，法国大使报告说，在伦敦，悬挂装饰物是较为罕见的，因为它们很快就会被煤烟腐蚀而损坏。除了悬挂的装饰物之外，纸张和皮革也受到侵袭；书籍遭到的损伤尤为严重。我们听说，在19世纪初发生了一件非常引人注目的事件；经证实，这个问题如此严重，以至于著名科学家迈克尔·法拉第(Michael Faraday)在他在伦敦的俱乐部里写了一份有关皮椅状态的小册子。[8]在维多利亚时代家庭中发现的深颜色壁纸，也可以证明在含烟大气下保持室内清洁的困难程度。

建筑物外部受到的损坏曾经在17个世纪吸引了詹姆士一世的注意，现在情况仍在持续，势头未减。原来的圣保罗大教堂曾在伦敦大火中被焚毁，重建之后的建筑物看上去仍然是煤烟腐蚀效果的主要受害者之一。具有讽刺意义的是，重建教堂的部分资金来自对进口伦敦的煤征收的税款。找不到证据来证明这是一种环境保护行动,也就是说,像在20世纪,官方有时候会强制煤炭使用者出资购买某种类似于污染许可证的东西那样的行动。18世纪初,伦敦市的居民和外地到访伦敦的客人甚至在大教堂重修结束之前就描述了它令人心酸的状态。蒂莫西·诺斯(Timothy Nourse)在《有关伦敦的燃料的论文》(*An Essay of the Fuel of London*)中告诉我们,许多高雅建筑物上的石头都被侵蚀得千疮百孔,层层石皮被揭去,露出了最里面的石心。[9]除了圣保罗大教堂,他还罗列了其他受到类似侵蚀的建筑物:威斯敏斯特区的圣彼得大教堂,斯特兰德区(Strand)的建筑物例如萨默塞特宫,萨沃伊酒店(the Savoy),新交易大厦(the New Exchange),诺森伯兰德宫(Northumberland)和白厅的古建筑。

65

更为寻常的民居也深受污染之苦。有些18世纪在伦敦时尚地区的房屋的租赁合同中包含一些条款,用以保证这些房屋的外表面每三年刷一次油漆,这是与损坏房屋外貌的烟气做斗争的一种尝试。[10]煤烟的影响一直持续到最近,因为在20世纪早期,市区的房屋在喷漆的时候还选用灰暗的颜色,以防止灰尘显露。城市环境的唯一鲜亮之处是更换频繁的广告牌,而且即使这些广告牌也会因为空气中存在的污染气体而迅速褪色。[11]

污染物的腐蚀作用

伦敦大气中的污染物对用来建筑该市的材料具有不利的影响,这一点看来是没有什么疑问的了。建筑材料的腐蚀可以通过检查其中涉及的化学过程加以理解。在这一部分中,我们将考虑污染物侵蚀建筑物材料的有关机理，对于这种做法有帮助的，是我们可以回溯200年的历史作为借鉴。对于那些对这些细节不那么感兴趣的读者来说，他们大可以不费力地跳过这一部分而直接阅读下一部分。

图4.1　诺森伯兰德宫，在蒂莫西·诺斯的描述中被称为在17世纪末受煤烟腐蚀严重的建筑物之一

表4.1　煤中的硫含量

来源	种类	含硫百分比
诺丁汉郡浅谷	烟煤	0.45
兰卡郡	烟煤	1.38
约克郡	烟煤	1.20
达拉谟	烟煤	1.00
苏格兰	无烟煤	0.10
南威尔士	无烟煤	约0.7
东印度	半烟煤	2.50

出处：博恩，W.A.(1918)《煤及其科学使用》，朗曼，格林，伦敦。

66

撰写有关污染问题的著作的皇家学会早期成员认为，煤烟的腐蚀性质来自某些种类的带有挥发性的酸。伊夫林认为这是一种含硫化合物。这些提法当然在大方向上是正确的，因为我们今天知道，寻根溯源，在烧煤的城市的大气中，许多损坏的来源是含硫的各种酸。在煤中含有的硫是作为化合物如黄铁矿（FeS_2）和有机硫化物存在的，它们在燃烧过程中被氧化成为易于挥发的二氧化硫（SO_2）。这种物质是气体，在燃烧过程中被排放到空气中。它本身是不可见的，但会伴随着至少在近距离之内可见的烟气。在高浓度的情况下，它具有刺激性的硫磺气味，可以在空气中嗅到，因此才会发生伊丽莎白女王一世对于在威斯敏斯特的空气中令人烦恼的硫磺气味的抱怨。[12]在煤的总组成中，硫仅占很小的百分比；较软的烟煤通常含硫浓度最高，这一点我们可以从表 4.1 中看出。请注意苏格兰出产的煤的低含硫量。这无疑有助于人们早期在北方把它接受为燃料。

很有趣的是，当考虑到对环境中存在的物质的损害的时候，二氧化硫或许并不应该承担主要罪责。大部分损害是通过一种二级污染物硫酸造成的。这种酸是通过二氧化硫的氧化产生的。在城市环境下，这种氧化可以在被污染了的雾滴中发生，或者当气体被物质表面吸收时发生。这一过程在高湿度的条件下发生得最为迅速。硫酸的形成在烧煤的城市中相对容易，这就意味着，最后是硫酸而不是一级污染物二氧化硫，才是腐蚀城市纤维的罪魁祸首。

污染物对比较软的石灰岩的侵袭格外明显，这或许是对于空气污染损害进行的最早的科学研究之一的课题。这一研究是 19

世纪由英格兰皇家农学会雇用的一位化学家奥古斯都·沃克尔(Augustus Voelcker)博士进行的。人们于1863年把他的这一有关建筑物石头受腐蚀的研究结果送往皇家艺术学会交流。[13]沃克尔的报告描述了一座用石灰石(碳酸钙)建造的教堂的腐蚀状况。尽管建筑用的石料的纯度是最高的,但年复一年,石头表面还是结上了厚厚一层深颜色的外壳。这层外壳极易溶解,经查证其中50%以上为硫酸钙。这表明,在污染物的腐蚀条件下,碳酸钙被转变成了硫酸钙。

67

乍一看,这一过程能造成这么大的损害,这似乎很让人吃惊。毕竟它只不过是把石灰石(碳酸钙)转化成了石膏(硫酸钙)而已,后者是另一种人们在建筑工业中很熟悉的矿物质,而且它还有一个更为人们所熟悉的名字——熟石膏。然而,石膏的两种性质促进了石灰石状况的迅速恶化。石膏的分子体积比石灰石的分子体积大了不少。这就意味着,在碳酸钙转化成硫酸钙时会发生体积的膨胀,这就让石灰石在受到腐蚀而向石膏转化的同时也遭受了严重的机械应力的作用。石灰石因此瓦解。石膏的第二个重要性质是,它在水中的溶解度远远高于碳酸钙。这就意味着,一旦石灰石表面形成了硬壳,它很快就会受到雨水的侵蚀。

伊顿(Eton)的几所学院对非常古老的建筑物石头进行的现代研究表明,硫这种腐蚀物已经向石头内部渗入了大约5毫米。在类似化学组成的较新些的石头中,这种情况发生的程度要轻微得多,但它们暴露于腐蚀物的时间也短得多。如果我们考虑腐蚀的速率,则似乎城市环境中的现代石头受到腐蚀的速率要远远高于处于较为清洁的环境下的较为古老的石头。[14]

金属也受到煤燃烧生成的污染物的侵袭。约翰·伊夫林在17世纪提出,在乡村,铁受到腐蚀的速率最多是在城市中速率的1%。[15]现代研究持续表明,在城市里,金属受到腐蚀的速率高于同种金属在乡村的腐蚀速率。与建筑物石头的风化一样,污染物二氧化硫的氧化产生的硫酸加剧了金属的腐蚀进程。玻璃或许也会受到被污染的空气的侵袭。现代玻璃是一种非常卓越的耐用材料,但中世纪的玻璃含有的钙质成分相当高,因此对来自水和二氧化硫的侵袭都要敏感得多。[16]

与室外材料一样,室内材料的损坏也主要来自二氧化硫的酸性本质和它的氧化产物。许多书籍和文件的安全保藏具有重要的意义,因此,在较为近代的时期,纸张所受到的损害得到了广泛的研究。腐蚀发生得最严重的地方是在纸张边缘,其特点是颜色泛黄,失去了纸质的机械韧性。人们曾经认为,因为二氧化硫的吸收速率随着湿度的提高而增加,所以非常干燥的大气应该对于纸张的保存有利。然而,纸张吸收二氧化硫的速率似乎并不随湿度的改变而发生很大的变化,而纸张在低湿度下的失水却可能加快了损坏的速率。 *68*

墙纸也暴露在大气污染的侵袭之下,但贴在墙上的墙纸的状态如此糟糕,以至于人们会因为忍受不了墙纸的凄惨状态而很快加以更换,因此,很难找到几张贴在墙上的墙纸,它们暴露于大气的时间足够长,从而让二氧化硫的损坏有机会成为人们需要考虑的问题。墙纸上持续出现的越来越厉害的损坏可能是在与人的接触点上发生的,那里的汗迹会增进二氧化硫的积蓄。然而,总的来说,与丧失机械强度和因为二氧化硫而产生的逐渐出现的质量下降相比,由于悬浮的烟灰在墙上的沉积而发生的褪色或许更加让人诟病。

市内花园

人们在中世纪就已经认识到了空气污染对于植物生命的损伤。正如我们已经看到的那样,15 世纪的公民立法就采取了步骤,防止空气污染损伤靠近约克郡的贝弗利的果树,它们因为烧砖行为产生的空气污染而受到影响。[17]到了詹姆士一世统治的时期,空气污染会对植物产生伤害,这种说法显然已经为人广泛接受了。普拉特认为,与人们通常使用的煤相比,按照他的方式生产的煤球产生的烟气对于伦敦贵族花园的伤害比较小。[18]我们已经说过了约翰·伊夫林在园艺方面的兴趣;他对这个问题曾有过一些评论。我们发现,在他青少年时期在伦敦多有生长的银莲花,到了他撰写《伦敦的空气和烟气造成的麻烦的消散……》的时候已经在伦敦消失了。今天,人们也很难认为银莲花在伦敦是寻常可见的植物,尽管近来有报告称,在汉普斯特(Hampstead)荒野中出现了银莲花。伊夫林在煤炭短缺时期注意到,伦敦市中心的花园和果园结出了丰硕的果实。查理二世 1660 年的王政复辟给燃料短缺画上了句号,而到了 17 世纪末,伦敦的大气糟糕到了如此程度,以至于许多种植物都很难在市区生长。

在 18 世纪之初,托马斯·费尔柴尔德(Thomas Fairchild)写下了他的《城市园丁》(*The City Gardener*)一书;这部书长期以来都在城市花园栽培方面的著作目录中名列前茅,至今天依然如此。这些书籍试图为城市居民在如何最好地利用市区面积方面提供建议。似乎有人强烈要求费尔柴尔德写这本书,"这样可以让每一个居住在伦敦或者在其他以煤为燃料的城市的人,都能够因栽培花园的活动而感到心旷神怡"。与许多其他就如何在城市里栽培植物给出建议的书一样,这本书最为关注的是那些有足够的抗性,因而能够在城市的空气与土壤条件下存活的植物品种。这本书以及仿效这本书的其他书籍的一个值得注意的特点,就是它们可以不提到任何其他东西,但却必然会说到应该如何被动地应对空气污染问题。[19]

后来,18 世纪的情况一定变得甚至比费尔柴尔德写书的时候还更为恶劣。根据《在一座乡村墓地内写下的挽歌》(*Elegy Written in a Country Churchyard*)的作者托马斯·格雷(Thomas Gray)的说法,就是费尔柴尔德认为可以在伦敦的酸性大气中生长的那些菩提树,现在却正在因为烟尘而落叶纷纷。[20] B. 怀特(B. White)曾经编辑了在伊夫林的时代与我们的时代之间唯一的一版《伦敦的空气和烟气造成的麻烦的消散……》,他对于约翰·伊夫林有关王政复辟时代伦敦的植被范围的评论感到吃惊。怀特总结道,经历了 100 年的沧桑,伦敦的植被比当年那个时候有限得多了。

69

在讨论建筑物所受的损坏时我们看到,应该对大多数损坏承担罪责的首犯并非直接从燃煤产生的二氧化硫。腐蚀的很大一部分是由它的氧化产物硫酸造成的。当然,这种酸在浓度不算很高的时候就能损害植物,并从植物的叶子和土壤中萃取营养成分。但总的来说,植物和大多数英格兰的土壤对于雨水中存在的低浓度的酸具有相对强的抵抗力。看上去,植被确实是被气体二氧化硫直接损伤的。在非常低的二氧化硫浓度下,植物的叶子或许能够对吸收气体的存在作出反应,把空气中的二氧化硫转化成植物的重要养分——硫酸盐。然而,在高一些的浓度下,叶子不再能够应付污染物的数量,叶肉组织的细胞会崩溃,叶子的绿色看起来就像经水冲洗过以后那样呆板。在叶子变干的时候,这些受到损害的区域看上去颜色发白。在欧洲城市中,烟气通常会伴随着二氧化硫出现,烟气会覆盖在叶子表面,降低了日光向叶表下面的叶绿素的传递,从而也参与了对植物的摧残。烟气也能阻塞叶子上能让其他气体进出通过的气孔。[21]

气象状态和空气污染物的分散挪移

城市改变了在城市内部空间的空气组成,但如果其中存在着足够的污染,它在乡村也会发生作用。我们已经说过如下事实,即中世纪和文艺复兴时代的工业往往会坐落在森林之中。那里很少有人谈论空气污染,尽管在偶然的情况下,人们可以发现因设置在森林的工业造成的环境改变的敏感报告。

> 绿色的峡谷树林
> 穿过阿伯德尔,越过兰维诺,
> 一切苦痛都让兰法本承受;
> 从没有任何更为灾难性的事件,
> 比得上对绿色峡谷森林的砍斫。

他们砍倒了一大批纯种的巴罗树， *70*
那是人们的青春与成年交界的处所；
在那些周而复始的星辰照耀的日子里，
绿色的峡谷森林何等甜美。

许多桦树曾戴着绿色的斗篷，
（我愿意掐死那批撒克逊人！）
现在都变成了大火中燃烧的火堆，
炼铁工人在那里面色黑沉。

砍下树枝，夺走
野鸟的栖息地，
愿灾难迅速降临到
罗文娜罪恶的孩子们身上！

英格兰人的确应该被
吊起来埋葬在大海深处，
把苦痛的房子留在地狱之中，
也不要来砍伐峡谷的绿树。[22]

（佚名）

这是一首绝妙的早期环保诗歌。能够看出，这首诗的风味中带有某一外国势力滥用自然资源的政治背景，这是很令人感兴趣的。

空气污染从英伦群岛长距离转移的第一个例子来自沼泽地而不是森林。在整个15世纪，[23]人们通过了许多针对“焚烧沼泽”的法案。这些都是苏格兰法案，因此，一个有关焚烧沼泽的英格兰法案第一次在詹姆士一世治下通过就不会令人感到惊讶了。我们并不完全清楚这些法案的目的，尽管它们的出现或许是出自防止无法控制的大火的愿望。然而，约翰·伊夫林声称，这些英格兰法令在其形成中有一个牵涉到环境的元素在内，因为在伊丽莎白时代，人们认为，大规模焚烧沼泽地可以摧毁法国葡萄园中正处于发芽期的作物。在当时，出现向南方运行的污染漂移物的可能性比现在要大，因为根据大气循环的模式这种污染会向南方漂移，这种大气的循环模式在小冰河时期是占据主流的。[24]这些插曲肯定是最早的跨国污染的一些例子。今天的循环模式与那时的不同，这意味着，我们更有可能发现，我们的污染物最终会到达斯堪的纳维亚。上述污染不大可能会严重到令法国葡萄园受损的程度，但当时循环中经常发生的风把烟尘带到那么远的地方是可能的。[25]人们可以观察到烟尘，同时也可能闻到烟气，所以法国葡萄种植者感到，他们发出这样的抱怨是有充足的根据的。

71 我们看到了现代气象科学在17世纪中叶的开始，因此，有大批相当准确的18世纪的气候信息存在至今也就不足为奇了。污染的作用自然不会逃过最早期的观察者的关注。“大臭雾”出现在人们的气象学记录中，观察者受到它的警示，知道他们必须在区分漂移的城市烟气和雾方面投入越来越多的注意力。[26]来自伦敦的烟气肯定扩散到了庞大区域之中，一直到达城市的背风处，在那里变成羽毛状的市区烟缕。这种烟缕与我们可以从来自单一点源看到的更小的烟缕类似,它们有些类似于来自工厂的烟囱的烟缕,但不同之处是,城市烟源在很大的区域内散布,因此羽状烟缕比我们更经常看到的烟缕更加弥散。我们在卫星拍摄的地球照片中可以更容易地看到羽状的市区烟缕。大型现代城市可能有非常广阔的市区烟缕,可以在下风处几百千米外确认其踪迹。在这样的地方,它们的宽度可能超过 50 千米。[27]对于羽状市区烟缕的科学研究只在不久前才刚起步。这种研究似乎使人们感到,市区羽状烟缕本身是一种相对近代的现象。情况当然并非如此;市区羽状烟缕应该会与最早的城市相关,但它们或许过于模糊,用肉眼观察的观察者难以注意到它们的存在。

有关来自伦敦市的市区羽状烟缕的最早记录是 1666 年 9 月来自伦敦大火的烟缕。有关这一极端事件的描述告诉我们,从这一都市发出的市区羽状烟缕连在正常情况下最仔细的 17 世纪观察者也不熟悉。[28]在大火期间,浓烟让伦敦的日光变得相当红,而且就连远在牛津的哲学家约翰·洛克(John Locke)都在他的日记中记下了这一事件:

> 带有红色的昏暗日光……在没有云的情况下,空气的这一不寻常的颜色让太阳的光线出现了奇怪的红色昏暗光芒,这是非常引人注目的。有关伦敦的大火,我们那时什么消息都没听到。但后来看起来是伦敦的浓烟随之燃烧了起来,接着被东风吹到了我们这个方向,从而造成了这种奇特的现象。[29]

从这一叙述中我们可以明显地看出,洛克以前并没有注意到市区羽状烟缕,因此我们必须假定,在17世纪,伦敦的市区羽状烟缕在这样的距离以外通常是看不到的。根据约翰·伊夫林的计算,来自大火的这一羽状烟缕差不多有50英里长。遗憾的是他没有给出他的计算细节。他对空气污染散布的气象学控制有着自己的理解。如果他给出了他的计算细节,我们或许便可以更深入地洞悉他的这一理解方式了。

通过《伦敦的空气和烟气造成的麻烦的消散……》,我们知道伊夫林有关气候在控制污染方面的角色的一些想法。从这本书来看很清楚的是,他认识到了能够让高水平大气污染得以积蓄的稳定条件的重要性。他也注意到了风的方向问题,特别是南风,它把污染物从邻近兰贝斯(Lambeth)的工业区吹过河送往伦敦市区。他在《英格兰的性格》一书中注意到了在伦敦西区占多数的精致的房子,它们建在那里,这让贵族们能够避开城市东区的臭味。伊夫林本人在上霍尔本(High Holborn)住过一段时间,这说明他并不反对利用人们偏爱的地点来逃避城市的烟雾这种行为。

72

在18世纪,伦敦的市区羽状烟缕变得更容易观察了。当天气干燥时,著名的自然学家吉尔伯特·怀特在汉普郡(Hampshire)的塞尔伯恩(Selbourne)都可以注意到空气的那种"肮脏、多烟"的样子。[30]他对这一现象进行了定期观察,并与当地居民就其来源取得了一致意见。当地人说,他们能够嗅出"伦敦烟气"的气味,而这种标志性的气味足以证明,首都伦敦确实是其来源。怀特注意到,烟气在持续刮东风的时候总是可以观察到的,他甚至提出,人们可以到伦敦的东面加以核实,那里应该没有烟气。东风不但有助于把伦敦的烟气带往怀特进行观察的地点汉普郡,而且那种与这样的东风结合的清澈稳定的状态会让市区羽状烟缕呈现出一种相当受到限制的分布。

想要远距离观察市区羽状烟缕需要相对晴朗的天气条件。怀特应该是知道这一点的,因为数年之前,住在朴利茅斯(Plymouth)的另一位英格兰气象学家哈克萨姆(Huxham)曾向人们指出,雨对清除大气中的悬浮物质具有重要意义。[31]然而,与持续的东风这一气候条件结合的晴朗天气可能在其中起到了微妙的作用。这样的条件将通过光化学反应而有助于二级污染物的生成,这种反应的机理现在通过对洛杉矶烟雾的化学研究已经很清楚了。在一套给定的光照条件下人们是否容易观察到羽状烟缕,这一点基本上取决于悬浮的微粒状物质的浓度。我们现在已经知道,当暴露于阳光下的时候,羽状烟缕中的气体污染物可能会反应生成新的微粒。以这种方式生成的二级微粒状物质添加到已经存在于羽状烟缕中的烟气中,这在某种程度上抵消了随着距离增加而带来的稀释作用。

这将十分可观地增加这种羽状烟缕的可见长度。有可能的是,这样的光化学过程也会对伦敦市区羽状烟缕的早期观察有所助益。羽状烟缕与纯粹的市区空气污染有区别;人们只是在过去大约十年间才意识到光化学在羽状烟缕化学上的重要意义。事实上今天它变得相当重要,因为在整个英格兰上空的光化学污染物可能是从位于欧洲的本源那里得来的。这是在英国受到特别关注的一件事情,因为在20世纪70年代漫长干燥的夏季,污染物

73 的浓度是非常高的。一些科学家担心,在稳定的反气旋条件下,欧洲的工业活动正在增加英格兰东南部地区的光化学污染物的浓度。图 4.2 给出了两幅在英伦群岛上空有来自东方的污染物漂移时的气象图。第一幅是根据气候研究中心的约翰·金斯顿(John Kingston)的早期气象观察汇总得来的,恰好是吉尔伯特·怀特观察伦敦烟气的那些天中的某一天的情况。它具有一个令人吃惊的特点:一个宽阔的高气压舌头向回延伸,越过了英伦群岛,这一特点也可以在这幅气象图旁边的另一幅图上看出;第二幅图表示的是最近的某一天的情况,这一天在欧洲西北部发生了显著的光化学污染。当怀特进行观察时,像这样的阻塞状况在 18 世纪 80 年代是相当经常出现的。除了给出对产生二级污染物所必需的稳定状况和长时间的日照以外,干燥的气候和清澈的天空也让人们更容易观察羽状烟缕。多云的天气会让观察更加困难,雨水会把微粒从空气中洗掉。

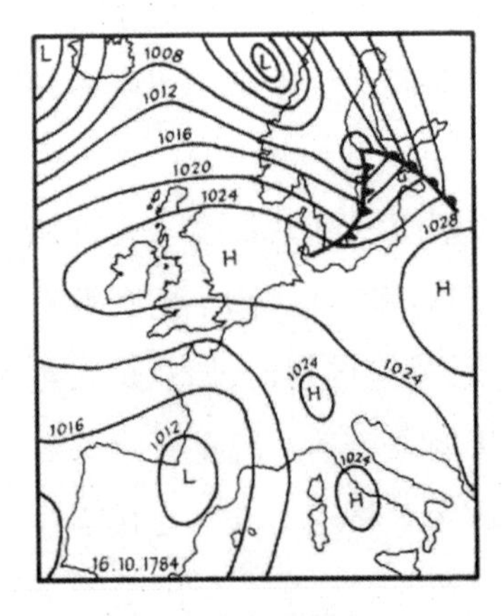

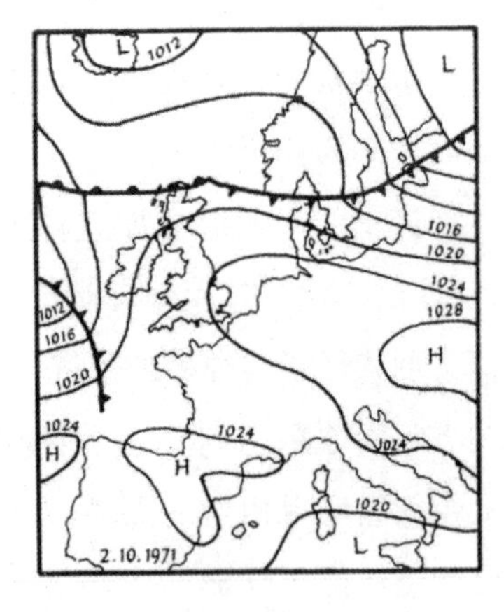

图 4.2　表示 18 世纪与 20 世纪受污染影响的天数的气象图

健康与空气中的痕量成分

早期的气象研究工作基本上是由内科医生进行的，他们的兴趣强烈地影响了英格兰气象学的进程。作为17世纪的瘟疫带来的一个结果，人们对于空气中的瘴气对健康的影响进行了持续的研究，并导致了汉索的《为更好地保持健康、治愈疾病，依照新方法记录空气状况》这一类著作的诞生。在整个18世纪，不同的医学论文作者例如阿巴思诺特（Arbuthnot）、米德（Mead）和沃克（Walker）都曾定期反复讨论这个问题。[32] 人们记得约翰·阿巴思诺特医生（1667—1735）的原因，经常是因为他是诗人亚历山大·蒲柏（Alexander Pope）的朋友和一部著名的书信体诗文《致阿巴思诺特医生的书信》（*Epistle to Dr. Arbuthot*）的可能的收信人。1733年，阿巴思诺特发表了《有关空气对人体的影响的一篇论文》（*An Essay Concerning the Effects of Air on Human Bodies*），其中罗列了许多较早时期的学问，如“硫酸盐”对房间内的悬挂物的腐蚀作用，城市空气因“燃料的含硫汽”对于肺部的“伤害作用”，还有市区幼儿的高死亡率等。

74

理查德·米德是教皇的内科医生，像阿巴思诺特一样，他也是一些书信的收信人（例如《以及给米德的书和给史洛安的蝴蝶》“And Books for Mead and Butterflies for Sloane”）。令人吃惊的是，由于忙于图书收集、写作和科学工作，无论米德或者阿巴思诺特都从来没有在他们的病人身上花费多少时间。米德写了一本有关毒物的重要著作，其中包括有关空气中的毒物的一个部分，并

图4.3　一本论及空气污染物对健康影响的书的作者约翰·阿巴思诺特医生

在一本有关船只底舱通风问题的书中写了一些概述。

此后不久，沃克写下了《大城市空气损害健康问题的引起、效果和解决方法的哲学评价》(*A Philosophical Estimate of the Cause, Effects and Cure of Unwholesome Air in Large Cities*, 1777)。他声称，

75

实际上，肺对受到污染的城市空气的习以为常可以达到如此程度，以至于它会对乡村中的空气感到不适。就像肯内尔姆·迪格比曾经做过的那样，他也找到了燃煤排放(是为酸)与动物排泄以及来自腐烂物质的排放(是为碱，例如氨)之间的区别。他根据长期的观察提出，在处于街道的高度水平上时，伦敦的空气要比在房屋顶层上的空气略微健康一点。考虑到在电梯出现以前，在房

屋较高层内居住的是更为贫穷的人们，这一点很有意思。

很清楚的是，这些人的研究成果说明，应该把哮喘和肺病病人送到乡村去，这样他们可以避开城市空气的有害影响。医学诗人约翰·阿姆斯特朗（John Armstrong，1709—1779）在他写的《保持健康之道》（*Art of Preserving Health*，1744）中认为，我们应该：

> 逃离城市，避开它浑浊的空气
> 不要呼吸它永恒存在的紊乱烟气

这一建议和斯维夫特所写的都柏林的医生把他们的病人送至郊区的随笔[33]说明，人们越来越认识到了城市空气对于健康的危害性，但对如何应对这种危害却提不出什么更根本的新方法来。毕竟，罗马帝国时代的医生在古时候也曾对那些肺部虚弱的富有病人提出过同样的建议。在这些作者的心目中，提出对空气污染进行控制的建议更是遥不可及的事情。他们考虑的似乎只是被动的应对。

在迪格比和伊夫林做出开创性工作之后的下一个世纪里，化学知识有了很大的发展，化学家对于大气的组成感到了更加强烈的兴趣。他们一直特别渴望确定那些可能具有生物活性的物质的身份。一旦发现了这些物质，就会对疾病来源的瘴气说给以支持。正如我们已经看到的那样，人们经常把硫考虑为烟气中的一种有害元素，即使是来自烟草的烟气也是如此。[34]其他科学家认为，被污染的空气中的有害成分是诸如铅、锑和汞这一类痕量元素。

在这些想法和早期的致癌作用研究之间存在着一种有趣的联系。伊夫林就曾经想过,是否有些大气中的污染物甚至可以穿透皮肤。这种具有深邃的洞察力的想法出现之早,还在博西沃尔·波特(Percival Pott)进行的有关伦敦烟囱清扫工所患疾病的研究工作[35]的100多年之前。持续接触烟气中的有机化学物质能够引起一系列疾病。18世纪中叶,约翰·赫尔(John Hall)写了一本小册子,题为《切忌无节制地享用鼻烟》(*Cautions Against Immoderate use of Snuff*,1761),这也体现了在理解化学物质致癌方面的另一个非常早的贡献。很值得注目的是,赫尔对工业疾病也有兴趣,还写过有关冶金厂附近的烟雾和疾病方面的文章。但是,对在空气中的任何痕量金属或有机致癌物的浓度进行测量,这都不是当时有限的分析手段所能胜任的。即使对于今天的现代分析技术来说,要检测这些物质在大气中的微小含量也绝非易事;因此,早期化学家无法了解大气中的病源化合物也就不足为奇了。

76

早期的大气分析

以上叙述并没有认为早期化学家的努力并不重要的意思。正如我们已经在上一章中陈述过的那样,罗伯特·波义耳曾在17世纪末试图为估计空气中的不同成分而发明灵敏的技术。[36]他提出了进行这些分析的几种方法。他注意到金属的褪色在某种程度上取决于空气中的痕量成分。在白金汉郡的一所房屋中的腐蚀在任何方向上都没有可见的差别,这一事实让他想到,无论风向如何，痕量成分的分布都是各向同性的。说到更为具体的分析手段，波义耳建议实验者“把那些褪了色的衣物和丝绸挂起来”，并且注意任何颜色的消失或者改变。波义耳认为，这将表明有特定的亚硝酸盐或硫盐物质存在。

利用染料的褪色速率的手段或许在研究污染非常严重的大气时会有说得过去的成功机会。在距离污染源非常近的地方，彩色布料的损坏是一个严重的问题。在17世纪80年代，据那些在一家属于亨利·廷德尔(Henry Tindall)的玻璃工厂附近晾晒衣物的人声称，来自这家工厂的烟气是造成他们的“衣服和布料的颜色”受到损害的潜在来源。[37]事实上，作为一项分析技术，这一原理直到今天还在某些方法中有所应用。不到100年前，一位名叫维茨(Witz)的巴黎科学家就注意到，招贴画上的铅基颜料在受到污染的市区空气中会迅速褪色。这一观察结果让人们得以开发了利用铅盐确定空气中的二氧化硫含量的方法。

在空气中的某些痕量气体很早就被人检测了出来，[38]这一点十分令人吃惊。至迟在1716年，经常被人们认为是工业医学之父的意大利人B.拉马兹尼(B. Ramazzini，1633—1714)就在空气中检测到了二氧化氮。通过改进波义耳概括描述过的方法，法国化学家卢勒(Rouelle)找到了二氧化硫，或者说，他找到的起码是硫酸盐。1744年，他把在碱液(可能是氢氧化钾和氢氧化钠的混合物)中浸泡过的布暴露在空气当中，结果在实验结束的时候发现了硫酸盐的存在。瑞典化学家舍勒(Scheele)作出的最令人铭记的贡献是他发现了氧。他在装盛酸的瓶子的顶部观察到了铵盐的细小硬壳的存在。这一观察结果导致人们认识到了大气中氨的存在。所有这些早期的发现都只不过告诉人们，在大气中有这些气体的存在。人们往往需要历尽许多年的光阴，才能获得足够灵敏的分析仪器，从而让化学家得以确定这些痕量气体在空气中的浓度。几乎毫无例外，早期分析所得出的这些气体的浓度要比我们今天所知的正确浓度高得多。例如，在舍勒证明了大气中存在着氨以后，H. T. 布朗（H. T. Brown）对其进行了测定。据他估算，存在于大气中的氨的浓度大约为百万分之六，超出我们现在所知的浓度的1000多倍。

78

然而，到了18世纪晚期，这些化学家已经能对空气中的主要成分如氧气进行精确度还算说得过去的定量分析了。普里斯特利（Priestley）和舍勒各自独立地发现了氧气，而且能够第一次证明，空气是由两种主要成分组成的，它们分别是“使物质失去燃素的空气”（即氧气）和“燃素化的空气”（即氮气）。人们可以很容易地观察到，“使物质失去燃素的空气”（即氧气）能够让只剩下烟的细蜡烛重新燃烧，并能支持生命。燃素论很快就被推翻了，更为现代的氧气与氮气的想法取代了其位置。然而，在一个科学家对空气对于健康的重要性怀有如此强烈兴趣的年代，氧气能够支持生命这一点并没有因此而失去其重要意义。

在氧气及其支持生命的性质被发现后不久，人们开发了测量它在空气中的浓度的方法，这些方法变得非常受欢迎。[39]这些设计出来的仪器被称为测气管，用来在不同的地点测定空气的“良好程度”，人们可以很容易地得到这种仪器。让海滨的旅馆业主们十分高兴的是，科学家尹根·豪斯（Ingen House）宣布，海滨空气中的氧气浓度较高，因此其质量远远高于普通空气。其他人试图

图 4.4 “怀疑论化学家”罗伯特·波义耳确认,空气是一种混合物而不是化合物

证实,山顶上的空气要比山谷里的空气更加有益于健康。所有这些似乎都建立在氧气能支持生命因此它是好东西这一想法的基础上;不言而喻的是,好东西多多益善。

利用一氧化氮测气管测定氧气浓度的方法是测量空气与一氧化氮混合后的收缩,由此得到的二氧化氮溶解在水里。在业余爱好者手中,阿贝·丰塔纳(Abbé Fontana)开发的这款仪器容易产生较大的误差。这导致了许多有关不同地方的空气的相对优越性的激烈辩论。令人欣慰的是,当英格兰物理学家亨利·卡文迪许(Henry Cavendish)让大家看到了如何使用测气管准确地进行测量之后,"测气管旅游"时代戛然而止。1783 年,卡文迪许超乎常人的细心使用了这一仪器,确定了如下结论:在他进行测量的 60 天里,尽管气象条件有着很大的变化,但空气中氧气的浓度基本恒定。他在测量中得到的一般环境下的氧气浓度为 20.83%,这与人们普遍接受的现代数值 20.93% 之间只有微小的差异,这一点说明了他的实验专长。

79 当他发现,即使在稳定平和的天气里,空气中的氧气浓度也没有下降时,卡文迪许感到相当吃惊,因为在他的想象中,伦敦的庞大燃料消耗应该使氧气的浓度出现可以观察得到的变化。这一点甚至在现代测量中也是正确的:即使在最大的城市里,因燃料燃烧而造成的氧气浓度的下降也只不过勉强可以检测得到。在空气中存在着的氧气量如此庞大,以至于因为燃料燃烧而造成的氧气浓度变化几乎是没有什么意义的。有些环境方面的当代作者曾经忧虑这样的事实,即我们使用了如此之多的化石燃料,因此我们有用尽所有氧气的危险。这种情况几乎不可能发生,因为正如我们所看到的那样,卡文迪许在 200 年前测定的氧气浓度和今天的浓度相比几乎没有变化。我们能够从 20 世纪得到的最佳测量显示的是一个未曾变化的数值:大约为 20.946%。这与我们

图 4.5 最腼腆最富有的英格兰物理类科学家亨利·卡文迪许,他以很高的精确度确定了氧气在空气中的浓度

的预期相吻合,因为如果所有的已知化石燃料储量都在一次壮观的篝火中付之一炬,则全球的氧气浓度水平也只不过会暂时性地下降到20.8%。我们或许可以通过在大气中向上移动60米来经历这一氧气分压(这是氧气在肺里面的有效浓度)的下降。这些结论并没有考虑到氧气是在不断地因为光合作用而再生的这一事实。这种对于我们会用尽所有氧气的担忧成真的可能性如此之小,因此,这种对于氧气罄尽的恐惧可以称为杞人忧天。[40]

80

在卡文迪许确定氧气在大气中的恒定性的经典实验之后几年,乘坐气球飞行的进展给了这位科学家一个将其测量扩展到垂直维度上去的机会。一位名叫约翰·杰弗里斯(John Jeffries)的

图 4.6 约翰·杰弗里斯,美国科学家,他曾于 1784 年采集伦敦上空的空气样品

美国内科医生,与有些古怪的气球驾驶员皮埃尔·布兰查(Pierre Blanchard)一起首次在英格兰上空进行气象升空旅行。为减轻载重,布兰查将他不想要但付了费的乘客从气球上驱逐,他也由此而广为人知。因此由杰弗里斯建议进行的实验显然并非全无风险。杰弗里斯采取的预防措施之一,是把自己用一根原始的安全带固定在座位上!他和布兰查携带的食物的记录也证明,航空餐饮业有了非常有前景的开端。卡文迪许知道了这一气象学气球

81

航行的计划,并赢得了杰弗里斯的帮助,得到了在不同高度上采集的空气样品。这些样品是通过在飞行中携带充满了水的瓶子取得的。在适当的时刻,瓶中的水被清空,然后封死瓶口,这就捕获了一份空气样品。[41]这次气球航行取得了巨大的成功,空气样品也送交卡文迪许加以分析。尽管使用这些样品进行的测试工作在航行结束后几天就完成了,但卡文迪许从未公布过结果。然而,通过卡文迪许的实验室记录和杰弗里斯的气球航行日记,我们有可能得以重新检查这份工作,并看到,测验的结果表明,氧气的浓度并没有随着高度而发生变化(见图4.8)。因为卡文迪许在发表结果方面缺乏热情,所以虽然他是发现氧气浓度在较低空的大气中的各个高度上基本保持恒定这一事实的第一个人,但人们没有承认他的这一地位。这一发现的荣誉最后归于法国人盖-吕萨克或俄国人萨恰洛夫,他们在大约20年后发表了检测的结果。

图4.7　卡文迪许用于确定氧气浓度的测气管

对于污染的感受

正当科学家们用越来越精密的仪器监测大气的变化时，诗人和哲学家们意识到了正在发生的深刻变化。人类开始对他周围的事物施加越来越大的压力，这导致了环境质量的下降。这一点在浪漫主义诗歌中得到了最为清楚的表现，但人们也越来越多地在18世纪的各种文学表达形式中找到这种表现。环境受到的破坏在斯维夫特和盖伊之类浪漫主义作家的笔下得到了最为轻松的处理。他们在自己的诗歌中描写了伦敦居民在烟尘阵雨、沉闷的迷雾或者令人窒息的雾夹雨面前的惊诧。这些诗歌包括《城市阵雨纪实》(斯维夫特，1711年)和《特莱维娅，或夜间行走在伦敦街道上的艺术》(*Trivia; or Walking the Streets of London*，盖伊，1716)。一个世纪之后，我们发现亨利·卢特雷尔(Henry Lutrell)也在他的《给朱利娅的建议》(*Advice to Julia*,1820)中抱怨同一件事，但书写的篇幅更长。由此看来，环境的状况并未得到改善。

18世纪发生的环境质量的变化诚然甚为可观，而在感知环境的方式上发生的变化或许更加巨大。浪漫主义诗人把这种变化强加到了人们的头脑中去，并要求我们以崭新的方式看待我们周围的事物。这意味着严肃地看待自然；诸如布雷克(Blake)一类诗人所愿意做的不仅仅是嘲笑他们周围的环境条件的逐步下降。他们是在真诚地写作。人类的地位被其环境降低了。对英格兰糟糕透顶的工厂和颜色黝黑的教堂的描述充满了压抑与绝望的图像。[42]

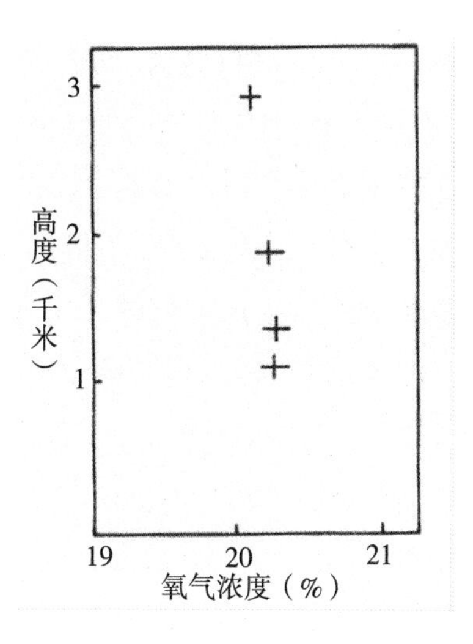

图 4.8 由卡文迪许和杰弗里斯于 1784 年确定的氧气在伦敦上空浓度的状况

视觉艺术家也没有忽略这些变化。在整个 18 世纪比较晚的时期内,工业场景都是画家们经常使用的创作题材,但对于创作主题的情绪却一直在改变,这一点是确定无疑的。在较早时期的油画中,例如在 P. J. 德 · 卢泰尔堡(P. J. de Loutherbourg)的《煤溪谷之夜》(*Coalbrookdale by Night*)中,画中的人物似乎有着一种高贵的气质。在高耸入云的烟囱和锅炉中间,他们如同英雄一样在辛苦劳作,在熔炉半明半暗的光照下,人们或许会把烟囱和锅炉误认为古希腊时代的柱状建筑物。但到了 18 世纪末期,希望转变成了绝望:油画看上去就像地狱的形象,而那些工人不再是他们自己命运的主人。的确,画家约翰 · 马丁(John Martin)曾以工业环境作为他为《失乐园》(*Paradise Lost*)[43]所做的雕刻的灵感。

83

在工业革命之初,许多人,包括艺术家和哲学家们欢迎这一工业时代。人们为蒸汽机而欢欣鼓舞,将其视为社会变革的手段,认为它将把人类从无必要的体力劳动中解放出来,并最终不再需要工人阶级。在工业化之后出现的会是一个绝望的时代而不是一个自由的时代,这看上去几乎是不可能发生的事情,但许多人对新发动机发出的烟气形成的可怕云雾反应强烈。泰晤士河沿岸排列的蒸汽驱动的水泵“几乎不停顿地在工作,看上去就好像决心要让伦敦市的居民窒息而亡,而不像是在为他们供水”。约克水建筑的泵发动机经历了相当不小的苦难,这些苦难一方面来自其本身设计的不当,另一方面来自人们的口诛笔伐。遗憾的是,在后一种苦难中,来自愤怒的环境保护主义者的讨伐确实不少,但这种讨伐或许没有来自河流水公司的代理人的那样多。[44]

一场波澜壮阔的文学运动的产生并没有脱离其时代的发展。工业发展和新技术对于环境日益强劲的冲击是 18 世纪思想发展的一个重要因素。污染和污染造成的人们的痛苦是影响浪漫运动发展的动力。时隔 200 年,我们现在能够看到今天的环境保护主义的新浪漫主义方面。浪漫主义哲学的核心是重新强调自然和个人的重要性,这二者曾在工业时代早期技术进步发展迅猛的时候遭到忽视。与此同时到来的,是对于更为简单、更为自然的生活方式的渴望和对地球的神明化。这些观念一直持续到现在。今天,我们甚至能在科学思想的一些领域内发现浪漫主义的理想。近年来,有关地球母亲的主题曾在《大气环境》(*Atmospheric Environment*)这样声名卓著的科学期刊上被讨论。科学家詹姆斯·洛夫洛克(James Lovelock)曾以“盖雅假说(Gaia Hypothesis)”为标题探讨这一概念。[45]

从“污染”这个词的进化中，我们确实可以看到浪漫主义时期发生的对于自然的重新评价所带来的思想变化。它或许曾经带有当一条河流在泛滥时冲刷河岸的那种“漫过去冲洗”的意思，但逐渐地，它带有了一种更多地与污秽关联的宗教内涵。然后，18世纪晚期的诗人将这个词及渗透其中的宗教感情接了过来，并把它应用于我们现在称之为环境污染的事物中。这种应用的最早例子之一出现在安娜·苏华德（Anna Seward）的诗《煤溪谷》（*Coalbrookdale*）中：

85

当无数赤红的大火，
各自带着有数的火舌，
在所有那些小丘上闪动的时候，
夏日的骄阳为之失色；
那一柱柱庞大厚重的硫磺烟雾
扩展开来有如幕布，
在森林之神的长袍上，掩盖了你那辞世的
励志之岩，污染了你的阵阵长风，
玷污了你清澈无瑕的湖泊；
成阵排列的工匠，在薄暮中行进
他们厚颜无耻的黄铜喉咙
在你的峭壁上蜂拥蠕动，
在你的峡谷中铿锵作响——
睡眼迷离、粗暴狂野
都不足以形容这伙不速之客。[46]

图4.9 约克水建筑位于伦敦的一处时尚地区，早期的蒸汽机引起了许多反对它们的评论

早期的浪漫主义促进了人们对自然的尊崇;随着这种尊崇的不断增加,“污染”这个词更经常地带有了它的现代意义。作家们在过去不同时期为描述污染而选择的词语为我们提供了一条线索,让我们可以从中领会他们对人类对环境的冲击有何感受。浪漫主义的影响导致人们更广泛地接受了那种对环境带有的微妙而近乎宗教式的感情。在书写中,环境污染十分明显地变成了禁忌:这是一种邪恶行为。甚至在我们所在的20世纪,人们在描述环境损害时也不常使用具有神灵本源的词。在D. H. 劳伦斯(D. H. Lawrence)的《查泰莱夫人的情人》(*Lady Chatterley's Lover*)[47]中,在他说到特弗歇尔煤矿的矿井出车台时称煤为“臭狗屎”,而把它造成的污染称为“恶天降下的黑甘露”!在维多利亚时期有关空气污染的写作中,诸如“梦魇”、“食尸魔”和“幽灵”这类词语也全都能够在作家们笔下占据一席之地;它们似乎与那些诸如“讨厌的”、“有害的”或者“腐败的”等词语非常不同,后者是约翰·伊夫林在两百年前的选择。[48]

在18世纪晚期和19世纪初期,我们可以从到访这个城市的来客的作品中找到许多有关伦敦空气污染的描述。与久居该市的长期住户相比,他们似乎对伦敦的空气质量更为敏感。这并不是说伦敦居民感觉不到污染,而是像散文作家查尔斯·兰姆(Charles Lamb)说到城市的“受人挚爱的烟气”时,他描述的是那种对他来说最为熟悉的媒介。狄更斯对于污染在人们的福祉上施加的影响是十分敏感的;他自身是一个伦敦人,而当他写到其他城市时,他对污染的感觉有时似乎更为敏锐。他深知伦敦这个地方的黑暗与阴沉似乎在向一切地方传播,但他还是能够以一种相当怀旧的笔触描写其他时期的污染,并用“伦敦长春藤(London's ivy)”来形容烟气。[49]

偶然也会有这样的情况,即有些人对于空气污染的反应与我们预期会发生的正常反应完全相反。在加拿大作家莎拉·珍妮特·邓肯(Sara Jeanette Duncan)写于19世纪末的一部小说中,[50]烟气压倒一切的气味遮蔽和染黑的效果似乎完全没有让人们对它有什么厌恶:

> 首先要说的是气味……在市中心,它总是比别的地方——例如肯辛顿——更为清晰。这并不是一种我们能够分辨清楚的特殊的气味或者多种特殊气味的混合,这是一种相当抽象的气味,而它却让空气具有了某种坚实和营养,让你感到你的肺正在消化它。在这种气味中存在着舒适、支持和满足……
>
> 我不知道你是否会喜欢有人因为你的肮脏而对你发出的赞扬,但我们确实赞扬这一点。在我们的祖国,从建筑学的角度来说,那里的清洁显得如此单调,以至于我们无法找到任何借口来赞扬它的美学优点。白色的砖瓦毫无艺术可言。

86

在画家对污染的态度上面,我们也可以找到一点我们曾在作家身上看到的矛盾心理。文森特·凡·高(Vincent van Gogh)的一些油画可以作为一个说明:在他的一些关于工厂的油画中,天空中的烟气弥漫被他以一种幽默的方式画出,而且这些油画都充满了明快的色调。然而在其他的油画中,烟气让人感觉到的,就只剩下了对充满压抑的城镇风光的绝望。

看上去,尽管由于分析化学的进步,人们明白无误地确定了大气中有毒物质的存在,但所有这些都不能阻止人们注意到,在大气的污染中,除了有毒物质之外还有其他的东西存在。人们的思想各有不同,因此,想要让每个人都对污染说出毫无二致的感受是永远不可能的。

注 释

1. Swift, J. (1711) *Miscellanies in Prose and Verse*; Gay, J. (1716) *Trivia, or the Art of Walking the Streets of London*, Bernard Lintott, London. 尽管前两篇作品很容易在现代的作家作品选集中找到,但 Lutrell, H. 的 *Advice to Julia* (1820)找起来与读起来就都要困难一些了。
2. Digby, K. (1658) *Discourse on Sympathetic Powder*, London.
3. Kalm, P. (1982) *Kalm's Account of His Visit of England on His Way to America*, transl. J. Lucas, Macmillan Publishers Ltd., London; 对于翻新衣服的问题的叙述可以在 Grosley, P. J. (1772)的 *A Tour of London*, transl. T. Nugent, London, 33 and 72 - 3 中找到。
4. Crawford, T. S. (1970) *A History of the Umbrella*, David & Charles, Newton Abbot.
5. Emerson, R. W. *Journals*, reprinted in Allen, W. (1971) *Transatlantic Crossing*, Heinemann, London; 亦见于 Simon, L. (1968) *An American in Regency England*, Robert Maxwell, London.
6. *Duke of Northumberland's Book* (1520).
7. Van Muyden, Madame (ed.) (1902) *A Foreign View of England During the Reigns of George I and II*; 一条 19 世纪的评论可在 Gaskell, E. (1977) *North*

and South, Penguin, Harmondsworth, 134 中找到。

8. Parker, A. (1955) *The Destructive Effects of Air pollution on Materials*, National Smoke Abatement Society, London.
9. Nourse, T. (1700) *Campania Foelix*, London. 亦见于 Quarrell, W. H, and Mare, M. (1934) *Travels of Zacharius Conrad von Offenbuch*, Faber & Faber, London。

87

10. Malcol m, J. P. (1810) *Anecdotes of the Manners and Customs of London During the Eighteenth Century*。大气污染需要严重到何种程度才需要保证每三年重新油漆一次呢？想到这一点是很有趣的。对于现代的丙烯酸油漆来说，反射率降低一半将需要在大约300微克/立方米的浓度下①暴露三年。Beloin, N. J. and Maynie. F. H. (1975) 'Soiling of building materials', *J. Air Pollut. Control Assoc.*, 25, 399 – 403.
11. Marsh, A. (1949) *Smoke*, Faber & Faber, London, 112.
12. *Cal. State Papers* (*Dom.*), 1547 – 80, 612.
13. Voelcker, A. (1864) 'On the injurious effect of smoke on certain building stones and on vegetation', *J. Soc. Arts*, 12 146 – 51; Geike, A. (1880) 'Rock weathering as illustrated by Edinburgh church yards', *Proc. Royal Soc. Edin.*, 10, 518 – 32.
14. Brown, R. C. and Wilson, M. J. G. (1970) 'Removal of atmospheric sulphur by-building stones', *Atmospheric Environment*, 4, 371 – 8.
15. Evelyn, J. (1661) *Fumifugium*.
16. Newton, R. (1975) 'The weathering of medieval window glass', *J. Glass Studies*, 17 161 – 8; and 'Air-pollution, sulphur dioxide and medieval glass', *Corpus Vitreatum Medii Aevi, Newsletter*, 15 (1975) 9 – 12.
17. LeZch, F. (1900) 'Beverley Town documents', *Seldon Society*, 14.
18. Platt, H. (1603) *A New Cheape and Delicate Fire of Cole-Balles...*, London.
19. Fairchild, T. (1728) *The City Gardener*, London.
20. Toynbee, P., and Whitby, L. (eds) (1935) *The Correspondence of Thomas Gray*, vol. I, Clarendon Press, Oxford.
21. Unsworth, M. H. and Ormrod, D. P. (1982) *Effects of Gaseous Pollutants on*

---

① 在原文中作者没有提到是哪种物质的浓度。——译者注

Agriculture and Horticulture, Butterworths, London。该书是对这一问题的详细参考资料。

22. Jones, G. (ed.) (1977) *The Oxford Book of Welsh Verse in English*, Oxford University Press.
23. *Ordo-Judiciarie* in *The Acts of the Parliament of Scotland* 1124 – 1707, I 342/1 (1814): *Scot. Acts. Jas. I*, II 6/ 1, for the year 1424 (1814); *Exch. Rolls. Scot. X I.* 395 for the year 1499.
24. Evelyn, J. 在 *Fumifugium* (1661)一书中抄录了这一法案. 有关东风的高频率参考文献可在当时的作品中找到。Lamb, H. H. 曾在(1977) *Climate: Present, Past and Future*, Methuen. London. vol. II, 463 中提到了 Verstegan and the astronomer Tycho Brahe。
25. 有关物质一直到斯堪的纳维亚的远距离挪移的一份早期报告可在 Ibsen 的话剧 *Fire*(1865)中找到,也可以在 Brøgger, W. C. 的一份综述报告中找到, *Naturen*(1881)。Gervat, G. P. (1844) 讨论了在沼泽地的绵羊身上积蓄的烟灰(沼泽污垢)。*Clouds at Ground Level*; *Samples from the Southern Pennines*, GEGB TPRD/L/2700/N84。污染物质在 19 世纪向苏格兰的远距离传送是 Brimblecombe, P., Davies, T. D. 与 Tranter, M. (1986) 在 'Nineteenth-century black Scottish showers', *Atmospheric Environment*, 20, 1053 – 57 中的研究题材。
26. Manley, G. (1952) 'Weather and disease: some eighteenth-century contributions to observational meteorology', *Notes and Records of the Royal Society*, 9, 300.
27. White, W. H. *et al.* (1976) 'Formation and transport of secondary air pollutants: ozone and aerosols in the St. Louis urban plume', *Science*, 194, 187 – 9.
28. Brimblecombe, P. and Wigley, T. M. (1978) 'Early observations of London's urban plume', *Weather*, 33, 215 – 20. *88*
29. Locke 在杂志中的条目可以在 Boyle, R. 的书中找到:(1692) *A General History of the Air*, London。有关红色太阳的评论出现在 Vincent, Rev. T. (1667) *God's Terrible Voice in the City*, London。
30. Johnson, W. (ed.) (1970) *Gilbert White's Journals*, David & Charles, Newton Abbot.
31. Huxham, J. (1772) *Observationes de Aëre*, London.

32. Arbuthnot, J. (1733) *An Essay Concerning the Effects of Air on Human Bodies*, London. 在正文中引用的那一行文字来自 Pope 的 *Epistle IV*;在 *Epistle to Bolinbroke*(收于 Pope 的 *Imitations of Horace*)中有一行是这样写的:"I'll do what Mead and Cheselden advise. "Mead, R. (1702) *A Mechanical Account of Poisons*, London(1702); Mead, R. and Watson, 'An account of Mr. Sutton's inventions and methods of changing the air in the holds and other parts of ships', in Sutton, S. (1749) *A Historical Account of a New Method for Extracting Foul Air out of Ships*, London; Walker, A. (1777) *A Philosophical Estimate of the Cause, Effects and Cure of Unwholesome Air in Large Cities*, Robson, London。
33. Armstrong, J. (1774) *The Art of Preserving Health*, London; Swift, J. (1729). *Dublin Weekly Journal.* 都柏林并非没有它自己的早期空气污染问题。两份早期的公告的公布日分别是1634年6月25日和1665年7月26日。
34. Charles Cotton's poem *On Tobacco*, in Beresford, J. (ed.) (1923) *Poems of Charles Cotton*, Richard Cobden-Sanderson, London: 'Sure'tis the Devil; Oh, I know it that's it, / Fuh! How the sulphur makes me cough and spit!'
35. Evelyn(1661) *Fumifugium*; Pott, P. (1775) *Chirurgical Observations*, London; Hall, J. (1761) *Cautions Against the Immoderate use of Snuff*, London; Hall, J. (1750) 'On noxious and salutiferous fumes', *Gentleman's Magazine*, 20.
36. Boyle, R. (1692) *A General History of the Air*, London. 用布来吸收大气污染用于分析又一次流行。合成材料"塔克"被证明非常有用;作为例子,可见于 Jones, J., Lewis, G., Orchard, H., Owers, M. and Skelcher, B. (1973) 'The experience of the CEGB in monitoring the environment of its nuclear power stations', *Health Physics*, 24, 619-25。
37. Sewell, J. R. (1977) *The Artillery Ground and Fields in Finsbury*, LTS Publication no. 120,该文从 CLRO Misc. MSS, 29.24 处取得了信息。
38. Ramazzini, B. (1716) *Opera Omnia*——他的作品已有现代版本出版,见 Wright, W. C. (1940) *Diseases of Workers*, University of Chicago Press; Rouelle, G. F. (1744) *Mem. Acad.* 97; Scheele, C. W. (1780) *Experiments on Air and Fire*。早期尝试测量大气中痕量气体时估计过高的想法是 Brimblecombe, P. 在(1978)'Historical changes in atmospheric trace components'中叙述的,见 *Evolution des atmosphères planétaires et climatologie de la terre*,

Centre National d'Etudes Spatiales, Toulouse。

39. Brimblecombe, P. (1977) 'The earliest atmospheric profile', *New Scientist*, 67,364 – 5.

40. 关键环境问题的研究报告,*Man's Impact on the Global Environment*, MIT Press, Cambridge, MA(1970)。

41. Jeffries, J. (1786) *A Narrative of Two Aerial Voyages*, London. 分析数据可见于 Thorpe, T. E. (1921) *The Scientific Papers of the Honourable Henry Cavendish*, Cambridge, vol II。

42. Blake, W. (1789) *Songs of Innocence and of Experience*, London.

43. Feaver, W. (1972) *The Art of John Martin*, Clarendon Press, Oxford.

44. 这些问题中有一些在 Dickinson, H. W. 1938 年的著作中有所提及:*A Short History of the Steam Engine*, Babcock & Wilcox, Cambridge。

45. 以下两处都收入了有关文章:*New Scientist* (6 Feb. 1975)和 *Atmospheric Environment*, 6 (1972), 579,但这一课题更为完整的处理可见于 Lovelock, J. E. (1979) *Gaia*, Oxford University Press。

46. Scott, W. (1810) *The Poetical Vorks of Anna Seuward*, Edinburgh.

47. Lawrence, D. H. (1928) *Lady Chatterley's Lover*, privately printed, Florence; reprinted Penguin, Harmondsworth (1960).

48. Evelyn, J. (1661) *Fumifugium*, Gabriel Bedel and Thomas Collins, London.

49. Dickens, C. (1852 – 1853) *Bleak House*, Bradbury & Sons, London, (printed in parts).

50. Duncan, S. J. (1891) *An American Girl in London*, Chatto & Windus, London.

89

90

5
烟气减排

我们可以找到17世纪晚期和18世纪初期有关空气污染的形成原因和作用的大量有趣证据,但人们很难把这一时期称为环保行动主义的时代。早期的著作在讨论空气污染时的语调都是被动地接受,可能伊夫林的《伦敦的空气和烟气造成的麻烦的消散……》是绝无仅有的一个例外。人们认为,任何不喜欢某个城市的空气污染状况的人都应该离开这个城市,或者至少搬到郊区生活。如果你的花园受到了损害,人们会建议你去种植更有抗力的植物。在工业化早期的几个世纪里不存在旨在消退烟气的有组织行动。这种行动直到19世纪才开始出现,或许在那时,工业与浪漫主义之间的对抗在人们面前展现了一个有关自己周围环境的新视野。

18世纪晚期伦敦的条件甚为糟糕,而且甚至可以说,在英格兰北部正在成长中的工业城市的状况简直就是环境灾难。18世纪20年代,丹尼尔·笛福(Daniel Defoe,1660—1731)在他的《英国记游》(*Tour of Britain*)中把谢菲尔德(Sheffield)描述为“黑色”的。而在一个世纪之后,威廉姆·科贝特(William Cobbett,1762—1833)在《乡间骑乘》(*Rural Rides*)中进行描述的方式与之如出一辙。甚至在今天,这一图像还在我们有关工业化的英格兰中部地区的概念中牢固地占据着一席之地。[1]

当旅行在广大人民中间变得更为普遍之后,伦敦迎来了大量的访问者。他们面对建筑物被烟尘覆盖的状态和空气的不清洁程度瞠目结舌。而对于美国人来说,他们更习惯于那种从未有人类涉足的处女大陆的状况,因此对伦敦所进行的批评尤为尖锐。[2]历史学家弗朗西斯·帕克曼(Francis Parkman,1823—1893)登上了据称是有史以来最肮脏最阴沉的教堂——圣保罗大教堂,并在上面凭高远眺。在此之后他说,他在那里所能看到的一切都是瓦砌的屋顶和尖顶,它们全都在烟气和薄雾中若隐若现。而且这是5月,而5月算是天气晴朗的一个月。这是来自新世界未遭损毁的森林中源远流长的视界发出的远程呼唤。《最后的墨西哥人》的作者詹姆斯·费尼莫尔·库柏(James Fenimore Cooper,1789—1851)也曾站在同一个地方,并认为他所看到的东西几乎没有什么可取之处,因为尽管他喜欢薄雾,但对品尝煤烟的味道没有丝毫兴趣。

尽管伦敦市民对于这座城市已经习惯得多,但他们还是试图逃到乡村,去那里呼吸更为清新的空气。对于困于都市的穷苦人来说,那种永无休止的阴沉景象肯定令人十分压抑,其中尤以冬天的那几个月为甚。但这座城市对于富人与穷人来说都是可以忍受的,因为尽管它有着这种或那种凄惨景象,但它却象征着一个民族和一个帝国的财富和机会。拜伦在《唐璜》(*Don Juan*)中所做的评论或许特别能够说明伦敦人对于这种状况的接受,以及那种"只要那里有烟气,那里就会有金钱"的感觉。

91

图 5.1　从 18 世纪起，来到伦敦的访问者经常抱怨烟气重重的伦敦空气

大团的砖瓦与烟气，尚有航运，如斯强大，全无
匹敌，暮霭沉沉，肮脏污秽，但却广阔无垠，只要视力
所及，皆可见白帆扬起，轻轻飘过，犹如朝雾
在你的眼帘前飘过，之后消失在远处
樯橹如云的森林之中；茫茫塔尖似海，翘首遥望
超越海煤烟气，幢幢如幕，
庞大化铁炉的圆顶，暗褐色如滑稽帽的皇冠
戴在傻瓜头顶——非伦敦塔者何物?!

只是唐璜目无此景：每一顶烟气的花环

于他不过一如魔法的烟雾
来自炼金术士的熔炉,
又由此打破了,由税收与纸币
在多少重世界内铸就的财富:
那在伦敦上空如同牛轭的阴郁云层
弯成了长弓,一线天中日光乍现,如细小的蜡烛,
此为何物?无他,唯天然大气尔,
极为利于健康,虽说清澈之日长无。[3]

92

这种感觉并不局限于从工厂的烟囱中吐出的烟气,对于家居造成的烟气也同样适用。苏格兰俗话“愿你家的烟囱一直欢畅地冒烟”,一直到今天还是人们常用来打招呼的一句话。[4]在南方则有人说,在英格兰人的眼中,从他们腾腾燃烧着的壁炉火焰中冒出的烟气无异于他们与生俱来的权利的一部分。[5]这种把壁炉作为家的中心而与之紧密联结的热烈感情,深深地铭刻在民间传说之中。烟气不但是富有的一个象征,人们也可以把它视为好客与温暖的象征。[6]很有可能,正是烟气与这些属性之间的联系,使得家居烟气比来自工厂的烟气更不容易通过立法加以控制。

早期的解决办法

正如我们已经看到的那样,最早的中世纪立法者知道如下事实:空气污染问题的很大一部分来自燃料。简单的解决办法是回

过头去用木头做燃料,而且这是我们通过最早的规定所熟悉的一个要求。13 世纪就有坚持让人们使用木头而不是煤的官方公告发布,以使石灰制造者转而使用这种不那么受人诟病的燃料。[7]蒂莫西·诺斯[8]所做的工作是对这一途径的最后一次认真检查,他"认为,我们应该尝试栽种森林并对它们进行认真的经管",这样就可以向伦敦提供木头作为这座城市的唯一燃料。这一建议没有得到任何反应。无疑,即使在 18 世纪,让伦敦回头去烧木头也是相当不可能的。

尽管如此,与煤相比,下一个世纪的人们还是继续把木头视为一种更让他们喜欢的燃料。奥斯卡·王尔德(Oscar Wilde)曾经做过这样的一次报告,说一位来自英格兰中部的运煤船主说:"有煤的一个优点是,它可以让一位体面人的经济条件使他能够享受在他的壁炉里烧木头才能得到的舒适。"[9]甚至在今天,木头仍然是一种常用的家居燃料。烧木头的火炉非常时尚,尽管就连提倡它们的人们中最具环保意识的人士,通常也并不把它视为彻底解决燃料危机的途径。

由于核能在安全性方面的不如人意,不断提高的污染水平和有关化石燃料燃烧产生的二氧化碳在大气中的增加,对于生物质内蕴含能量的利用似乎变得越来越有吸引力。在过去的几年里,人们对燃料种植园产生了一些兴趣。所谓燃料种植园,是人们建议可以在其中直接种植像"木头"一样的,或者很容易就能转变为燃料的物质(例如甲醇)的地方。不但如此,这些种植园也可以为人们提供诱人的娱乐区。然而,这样的能源计划将占用大片土地。[10]

因此,即使在 17 世纪,人们看来也无法退回去使用过去的燃料。既然回过头去使用过去的燃料是不可能的，有些早期的烟气减排建议就提出转而使用新的、更好的、污染较小的燃料。伊夫林热切地希望多炼炭，想以此生产无烟燃料；这种无烟燃料可以是他在《森林志》一书中提倡的木炭，或者是他曾于1656年在约瑟夫·温特爵士家中目睹的焦炭。[11]尽管炼制木炭是一种有用的技术，因为它有助于把木头改造成在包装和运输方面更容易处理的形式，煤炼制焦炭的尝试在17世纪就已经如此普遍，但它却似乎从来没有取得任何持续的商业成功。有关制造煤球的情况似乎也同样如此，伊夫林应该通过普拉特有关煤球的书而对此有所了解。

有一种似乎被伊夫林忽略了的解决办法，是使用一种不同的煤。这种忽略有一点令人吃惊，因为有证据表明，这个时候的伦敦市民感到之所以发生煤烟问题，是因为更好的一些煤被出口到欧洲大陆去了。尽管出于优先出口的考虑而不在国内市场出售较好的煤，这件事看起来不大可能，但这说明更干净些的煤确实是存在的。在16世纪，欧文(Owen)[12]就在他的《彭布罗克郡①的历史》(*A History of Pembrokeshire*)一书中把威尔士的无烟煤作为一种无烟燃料向伦敦做了推荐。与此类似，苏格兰的煤是一种好得多的家用燃料，也可以作为烟气较少的燃料取代纽卡素尔的煤。远在伦敦接受了“苏格兰煤”以前很久，它在14世纪早期就用于苏格兰家庭，这或许是受到了这种煤可以用于室内壁炉的启发。在18世纪，苏格兰煤的优势广为人知；谢里登(Sheridan)的一出话剧中就有这样的一个人物，他把苏格兰煤

① 彭布罗克郡在威尔士西南部。——译者注

丢进火里,以此取悦一位客人。[13]但看起来,这种燃料一直是一种昂贵的奢侈品。

对于解决空气污染问题来说,改变燃料或许看上去是一种相当没有技术含量的途径,但实际上,如果努力地把它用于18世纪的伦敦,它也会取得相当好的效果。我们对此相当肯定,因为正是这种技术让伦敦上空的二氧化硫浓度保持了今天这样低的水平。我们现在就是通过使用低硫含量的石油或者天然气成功地做到这一点的。或许早期清洁空气支持者们倡导的这种低技术含量的途径正是最有效率的方式之一。

户外的烟气已经足够糟糕的了,但它终究只是一种公共问题,每个人都因此而受害,因而人们一直没有受到强烈的激励来解决这一问题。而室内的烟气则正正经经是牵涉到每一个家庭自身的问题。人们在设计烟囱、无烟壁炉和火炉方面投入了相当多的聪明才智,但火炉在欧洲大陆一直比在英伦群岛上更受欢迎。胡斯特尔早在1686年便描述了法国的无烟火炉;光阴荏苒,70年后的《君子杂志》(*Gentleman Magazine*)又一次原封不动地描述了这一装置。[14]人们似乎并没有特别紧迫地痛感自己需要进一步改进空气污染技术。英伦群岛上的人们对于如何在燃料燃烧时降低烟气的排放的知识非常浅薄,以至于在这一问题上,英格兰工程师不得不向美国的烟气控制专家求教。

94

这些专家中的一个就是拉姆福德伯爵,他在获得封爵之前的名字是本杰明·汤普森(Benjamin Thompson,1753—1814)。拉姆福德经常因为他在热物理学方面的贡献而为人们缅怀,但他也对火炉和壁炉的设计很感兴趣。他也时常为人们所铭记的,是他那

图 5.2 拉姆福德伯爵是一位对火炉和壁炉的设计很有兴趣的美国物理学家

并非总是一丝不苟地真诚却充满了探险经历的生活。他与法国化学家安托万·拉瓦锡(Antoine Lavoisier)的遗孀结了婚,但他觉得这位妻子简直不可理喻,因此他认为拉瓦锡在法国大革命时期走上了断头台却因而摆脱了这位妻子,也算是种幸运。拉姆福德提倡使用耐火黏土挡板来保持热量,并强调应该仔细调整它们的角度从而把热量反射到房间里面。[15]他建议废弃壁炉格架,而且应该缩短烟囱,让它刚好位于壁炉上方。他所写的一些有关火炉和烟囱这个题材的文章在19世纪的头几年发表在《政治、经济与哲学论文》(*Essays Political, Economical and Philosophical*)上。但是,

95

到了那个时候,拉姆福德的火炉和壁炉已经吸引了一些公众的关注了。简·奥斯汀在《诺桑觉寺》(*Northanger Abbey*)中写了这样的情节:女主角凯瑟琳·莫兰(Catherine Morland)本来断定她会在诺桑觉寺中感到哥特式的恐惧,但却发现,"她本来认为室内的壁炉会带有旧日的风格,十分宽阔而且带有呆板的雕刻,但实际上却缩小成了拉姆福德的版本,使用了朴素但却漂亮的大理石,上面的装饰物也是极为漂亮的英格兰瓷器"。也就是说,在简·奥斯汀的眼里,拉姆福德的火炉好像就是现代事物的象征。

图 5.3　一个较为老式的壁炉"缩小"成拉姆福德式壁炉

本杰明·富兰克林①也对火炉的设计和燃料的经济使用很有兴趣。1766 年,他曾在牵涉到博尔顿(Boulton)与瓦特的蒸汽

---

① 本杰明·富兰克林(1706—1790),美国著名政治家、科学家、外交家、发明家。——译者注

机的建造问题上向马修·博尔顿①提出过建议。[16]富兰克林强调需要烧尽所有的烟气,并给出了这样做的两个原因:首先,逃逸的烟气代表的是未曾燃尽的燃料,因此是一种浪费;其次,烟气可能会在锅炉的下表面形成一层隔热硬壳,而这层硬壳将会是热的不良导体,因此降低了锅炉的效率。富兰克林有关减少烟气的早期理念体现了一种哲学,这一哲学直到20世纪仍旧是减少烟气问题的中心主题。在这里,防止烟气既是良好的实际操作方式,也是有效的节约措施,而不仅仅是保持空气质量的手段。人们用一个短语来表达这一概念:"燃烧你自己的烟气。"

富兰克林的烟气减排技术牵涉到多个阶段的烟气制造:从新鲜的煤的烟气制造,一直到已经完全点燃了的煤的烟气制造。尽管还处于初期发展阶段,但这一原理已经在17世纪胡斯特尔描述的火炉中初见端倪;所以说,在技术上,富兰克林并没有提出任何新东西。然而,他简单明了的理智却影响了18世纪晚期与19世纪初期的许多工程师。

蒸　汽　机

96

蒸汽机的发展曾经以一种奇特的方式显著影响了烟气的减排,因为它迫使工程师考虑产生烟气的方式。人们开始出现了对于烟气的担忧,因为公众经常大力抗拒新的奇妙装置。正如

① 马修·博尔顿(1728—1809),英国制造商、工程师,曾投资生产并推广瓦特的蒸汽机。——译者注

以前的几百年间曾经发生过的那样,业已证明,人们很容易就可以找到"环境污染"这一罪名,并用以作为抗拒不受公众欢迎的变革的工具,尽管这种工具时常并非十分有效。但当人们把这些罪名指向新的蒸汽机时,他们或许是正确的,有正当理由的。这些新蒸汽机的响声很大、很肮脏,也很危险。人们不喜欢它们,这没有什么可奇怪的。

蒸汽机当然为抗议活动提供了一个集中火力攻击的良好靶子;但与此同时,它也让早期的环保主义者对大气污染采取了相当幼稚的处理方式。在100多年的时间里,他们的关注一直以烟气的单点来源为中心,很明显,这些来源就是蒸汽机和大工厂。可以用他们掌握着一个最严重污染者的"黑名单"为例证明这种处理方式的存在。[17]

对大型单点污染源的兴趣,例如对蒸汽机的兴趣,让人们产生了对于工厂烟囱高度这一问题的关心。这个问题曾在19世纪以前不同的时期内出现。正如我们在第一章中曾经说过的那样,早在14世纪的伦敦便有可能存在着一个最低烟囱高度的规定。我们没有掌握这些中世纪规定的细节,这些规定没有延续到工业时期。人们把来自烟囱的烟气视为一种妨害,当局似乎将有关的投诉作为个案加以处理。1691年,托马斯·列格(Thomas Legg)可以迫使一位面包制造商的邻居建造一座"足够高的烟囱,可以把房屋上面的烟气全部送走"。[18]在为1772年版的《伦敦的空气和烟气造成的麻烦的消散……》所写的序言里,怀特抱怨了人们对于烟囱的胡乱设计以及他们对烟囱高度的缺乏关心。

19 世纪早期,弗兰德(Frend)在他的小册子《让伦敦的大气摆脱烟气,这是可能的吗……?》中开始解答这个问题。他对人们没有规定工厂的烟气排放量与其烟囱的高度之间应该存在的关联深感痛惜。那些小工厂当年排放的烟气量或许微不足道,不至于引起什么伤害,但随着岁月的流逝,工厂现在已经扩大,它们排放的烟气也已经形成了妨害;这是因为它们的烟囱高度还依然故我,没有任何改变。弗兰德强调立法的必要性,但同时认为,问题的真正解决取决于常识。这一理念几乎是所有随之而来的英国立法的普遍特色。19 世纪的环境法律来自于开明的思想。这一思想假定,假以时日人们显然将采取必要的步骤,这些步骤将非常清楚地导向对于所有人来说都更美好的状况。这种思想认为,就排烟的烟囱来说,无论对于管理层或者公众,烟气减排都会带来显而易见的巨大益处。

在 19 世纪初期开始出现的一些迹象表明,对于烟气减排立法的渴望不再局限于几个怪诞的狂热主义者。行政当局的官员开始对这个问题有了兴趣。1800 年前后,曼彻斯特警署的行政长官任命了一个妨害委员会,[20]该委员会不仅认识到了来自烟囱的烟气的巨大问题,而且也发现了解决这一问题的方法。就在这一时刻,弗兰德的小册子在伦敦有限的读者群中流传,国家的立法者们也在讨论可以在何种范围内规范蒸汽机和熔炉的使用,从而减少它们对于公众健康与舒适的损害。当一位参与者认为他们所考虑的不仅仅是健康问题,同时也与"舒适"不那么容易触摸得到的美学观念有关时,这一讨论似乎充满了现代化的气息。然而有可能的是,这样一个含糊的处理方式是必要的,

97

98

图 5.4　纽克曼蒸汽机,这类发动机使用大量煤炭,它们产生的烟气让 18 世纪晚期的伦敦人感到格外厌恶

因为当时几乎不存在任何实在的科学证据把空气污染与公众健康联系起来。在法庭上,人们很难坚持伦敦的烟雾大气是该市正在遭受的健康问题的唯一原因这种看法。对于城区健康来说,通过水传播的疾病或许是大得多且更为明显的危险。

詹姆斯·瓦特(1736—1819)设计的高压蒸汽发动机逐渐代替了更为原始的纽克曼和萨弗里式的大气发动机。早期的康沃尔发动机是用煤大户。有些大型号的发动机的用煤量超过30吨①,但因为它们用的是无烟煤,而且考虑到它们通常布置在相当偏远的矿区,因此烟气排放被控制在可以忍受的限度之内。这些发动机经常在煤矿中使用,这一事实意味着,有效使用煤算不上什么重要问题。然而,为了促进人们更广泛地使用更新的发动机,工程师必须认真对待烟气问题和由此带来的燃料损失问题。他们必须向他们的顾客证明,新的发动机是创造能量的有效途径。对于发动机的广泛使用也意味着,这些机器必须能够使用相对多烟的烟煤。

瓦特推荐的燃烧过程是,机头端板应该堆满煤;而早期的发动机没有装配防火安全门,因此会有少量空气穿过起到安全门作用的煤堆。当煤变热了的时候,挥发物就被吸进了火焰而用掉。就这样,在机头端板上堆放的煤在司炉前来把它们铲出去撒在火焰里面的时候已经被部分焦炭化了,然后它们就被在熔炉口重新堆放上的新煤取代。[21]这无疑是降低蒸汽发动机的烟气排放量的一个好办法,但此法对司炉工的技术水平要求颇高。19世纪上半叶经常有人抱怨,说负责熔炉的工人的工资实在太低,这就会让技术熟练的炉前工另谋职业,从而让熔炉的管理落入不那么胜任的工人的手中。对于工厂主来说,这本应该是很明显的事实,即一台有人精心照料的熔炉会在降低燃料消费量的同时减排烟气,因此技术熟练的司炉很值得花高薪聘请。[22]

---

① 原文作者并没有明确指出30吨的耗煤量是在多长一段时间间隔内使用的。——译者注

燃烧不完全的旧有锅炉逐步被淘汰,取而代之的新熔炉是一个内置管道,它能为加热提供更大的表面积。通过在整个熔炉内分散煤炭而不是首先把它堆放在机头端板上的方法,可以让蒸汽具有更高的气压。更为迅捷的燃烧过程不可避免地导致了烟气的产生,这是在19世纪初期出现的新问题,它进一步增加了18世纪由于用工资较低的不熟练工人代替技术熟练的锅99 炉工和司炉所产生的问题。而且,熔炉的设计与建筑这个曾经让一个时代中最优秀的工程师殚精竭虑的问题,现在几乎完全由制砖工人一手操办。因此,熔炉和锅炉变得烟雾滚滚,这也就不是什么会让人惊讶的怪事了。

19世纪40年代,正当锅炉制造技艺处于如此阴郁压抑状态的时刻,查尔斯·怀·威廉姆斯(Charles Wye Williams)开始急切地要求得到更好的发动机。他希望它们能够不产生烟气,而且更为经济。[23]威廉姆斯建立了一个经营冬季跨越爱尔兰海的航运的船运公司,并对锅炉设计的不科学状态深感忧虑。他不信任富兰克林"燃烧你自己的烟气"的哲学。反之,威廉姆坚持认为,蒸汽机应在不产生任何烟气的情况下运行。尽管达到这一要求所需要的条件是相当明显的,但要维持这些条件却不一定容易。海军的蒸汽机舰只在行驶时会发出庞大的黑色烟云,英国皇家无法忍受这一问题,因为这会让它的舰只的行踪暴露无遗;因此,它不怕麻烦地对煤进行了彻底的研究,最后决定最好采用无烟煤作为无烟燃料。很明显的是,伦敦的立法者们也注意到了一些个例的存在,其中某些个别公司被迫使用无烟煤100 来降低它们的黑色烟气排放量,因为这种烟气造成了妨害。例

图 5.5 从酿酒业诞生的时日开始，它就是一个恶臭难闻、烟气弥漫的行业

如，托特纳姆法院路的缪柯斯酿酒公司就迫于当地居民的压力而不得不使用无烟燃料。这些居民因烟气对他们家庭中的家具造成的损坏而忍无可忍。尽管 19 世纪初的一些市政管理人员表达过他们对于烟气减排的关切，但从那时起，半个世纪过去了，切实可行的法律依旧在法令全书上暂付阙如。

其困难之一或许是，在 19 世纪，无论对因家居燃煤还是工业燃料引起的烟气污染问题，人们都很少有轻而易举的解决办法。早些时候人们鼓吹的更换燃料和工厂改址等方法采用起来

图 5.6　19 世纪,当地居民迫使托特纳姆法院路上的缪克斯酿酒有限公司将其所用的燃料改换为无烟燃料

都将十分不易。蒸汽机的存在意味着在任何需要的地点都可以就地解决动力问题。水轮机在较早的时候有可能提供相当大一部分动力,但只在人们愿意在河流附近使用动力的时候才应用。而蒸汽机能让人们在一个工厂之内形成动力。这进一步让工业从乡村向城市转移。我们已经在第二章中讨论过都铎时代的伦敦燃料短缺,这种短缺也具有引诱工业从农村向城市转移的作用,因此也加重了空气污染。随着蒸汽机发展起来的城市工业化也以一种类似的方式加剧了市区的污染问题。把以蒸汽为动力的工厂放到城市,这让制造厂商得以进入庞大的劳动力市场。101 蒸汽机可以加以改装使之使用其他燃料运转,但在城市里找不到其他燃料。转移工业去乡村会受到制造厂商的反对。

19 世纪的立法[24]

在历史上,走向现代烟气减排立法的最早行动出自 19 世纪 20 年代的达拉谟国会议员 M. A. 泰勒(M. A. Taylor)。他发现,在白厅内的烟气和一个半世纪前伊夫林所抱怨的那种情况同样糟糕。然而,蒸汽机让城市生活变得如此令人难以忍受,以至于富人搬离城镇的速率等同于穷人为利用新的就业机会而搬入城镇的速率。泰勒发现,一位名叫约西亚·帕克斯(Josiah Parkes)的沃里克郡熔炉主曾经改装了一台按照詹姆斯·瓦特的指标建造的熔炉。帕克斯引入了一种辅助的空气供给装置,因此能够夸耀说,经过一小时的运转之后,他的熔炉可以烧光自己产生的全部烟气。一些议员检查了装有烟气减排装置的熔炉。总的来说,结果让人印象深刻,虽然他们也很清楚地看到,要取得较低的烟气排放人们就必须对熔炉加以精心管理。19 世纪 20 年代早期,一项要求蒸汽发动机燃烧它们自己产生的烟气的法案成为法律。这一法律的约束力非常之弱,以至于它或许几乎没有对伦敦的空气污染产生什么作用。

烟气减排立法的重大进展在很大程度上应该归功于一位名叫 W. A. 麦金农(W. A. McKinnon)的苏格兰人,他为将法律引入烟气减排而持续进行了 8 年的活动。这一过程始于 1843 年,当时麦金农主持一个委员会,其职责是调查弄清如何防止来自熔炉火焰的烟气造成的妨害,且当妨害发生时应该采取何种应急措施。该委员会召开了 16 次会议,并从一些重要的科学家包括迈克尔·法拉第,以及一些工程师和制造厂商那里收集了证据。麦金农报告未能促使政府采取行动,因此麦金农本人把他自己的"禁止来自'制造厂商'的熔炉的烟气的妨害"法案提交给国会。这一法案只适用于来自加热蒸汽锅炉的熔炉的排放,但法案还是因为议会内带有敌意的发言和削弱其作用的修正案而遇到了麻烦。该法案最后被推迟表决,尽管如此它还是取得了进展。公众开始理解到,烟气不再是无可避免的邪恶,而且熔炉主也开始对于烟气减排有了一些兴趣。在某种意义上有些令人吃惊的是,熔炉主并没有在这之前采取任何措施来试图降低烟气的排放,尽管烟气减排能让他们获得不小的经济利益;说到底,从烟囱中逃逸的烟气代表了他们的燃料损失。

1845 年,麦金农提交国会的第二项议案再次未能通过,但这一次也并非没有取得一些胜利。公众对此的兴趣进一步增加了,而且 4 月 24 日的《泰晤士报》(*The Times*)刊登了一位直言不讳的领袖就此题材发表的言论。观众的关注催生了更多的报告,其中有两项分别是麦金农的报告和德拉·贝奇-普莱费尔报告(De la Beche-Playfair Report)。后一报告是由地理调查所所长亨利·托马斯·德拉·贝奇(Henry Thomas De la Beche)爵士和地理调查所的化学家里昂·普莱费尔(Lyon Playfair)爵士撰写的。该报告关注的是两个问题:(1)作为改进法案的一部分而由一些城镇提出的反烟气立法是否卓有成效?(2)有许多工业认为控制其排放是不可能的,这些工业提出的免除烟气控制的请求在技术上是否能够说得通?这一发表于 1846 年的报告表明,地方性的反烟气条款已经被证明并非十分切实可行;有

102

关争执几乎不可能取得最后裁决，而对于那些取得最后裁决的，其罚款金额也微乎其微。

尽管人们在已有的地区性烟气减排立法上发现了一些问题，麦金农还是于1846年第三次向国会提交了他的议案。这一议案被收回了，但麦金农受到了被唤醒的公众日益增加的压力，要他继续其争取立法的活动。1846年，人们在一项公共健康议案中列入了一项防止烟气的条款。尽管在这一议案中的这一条款很弱，但它确实代表了向着正确方向迈出的一步。1846年，一项类似的议案被提交到了上议院，而且伦敦市通过了一项改善清洁法案，其中包含了一项反烟气条款。产业利益又一次证明，它们具有反对拟议中的立法的能力。它们让人从公共健康议案中删去了有关烟气减排的条款，而在最后，含有烟气减排措施的另外两个法案也被取消。麦金农的第五项议案于1849年提交议会，该议案一直坚持到委员会阶段才宣告失败，未能成为法律；而于1850年提交的第六项议案，迫于一个组织有序的工业游说的压力而导致失败。麦金农看上去毫无希望的斗争至此结束。然而这项斗争并非没有重大意义，因为它为下一个十年中将要发生的变革打下了基础。在这十年中，由于经济从不景气的状态复苏，霍乱也不再流行，这让人有机会进行意义重大的改革。

烟气减排运动的下一位倡导者是伦敦市的卫生医疗官约翰·塞蒙(John Simon)。在他于1850年给下水道专员的报告中，塞蒙强烈恳求在伦敦市进行烟气减排的尝试。他认为烟气不仅仅是不健康、不经济的现象，而且并非是不可避免的。人们在伦敦市的下水道议案中写进了一项烟气条款，并于1851年7月得到了国王御准。

与以前的城镇改进法案不同,事实证明,伦敦市的这项立法是令人满意的,而且在第一年就给违规者发出了115份警告书。塞蒙希望,被伦敦市证明为成功的条款最终也能够扩展到郊区。

1852年年底,帕莫斯顿岛的第三位子爵亨利·约翰·坦普尔(Henry John Temple)被任命为内政大臣。次年7月,他安排草拟的一份烟气减排议案在下院宣读。这份议案在通过时已经多有改动,但它在8月20日成为法律这一事实在很大程度上不但归功于帕莫斯顿子爵的能量,同时也是对麦金农在19世纪40年代的工作的回应。一个重要的修正是在法律行文中引入了短语"最佳实用手段(best practical means)"。这个概念现在嵌入了英国的环境立法。与"常识(common sense)"和"良好的实践(good practice)"一样,这些术语依然是存在于一个法律体系中的灵活性的一部分;众所周知,这一体系对污染的可允许水平设定定量限度的不情愿程度简直声名狼藉。简言之,这一想法指的是应该采取现在已有的防止烟气的最佳手段。

103

帕莫斯顿不但在1853年推动"减轻烟气妨害(都市)法案"(the Smoke Nuisance Abatement Metropolis Act)在议院得到通过,他也十分密切地注视它的实施情况。开始时,依照这项法令提起的起诉很少。随后这位内政大臣让大家明白,他不会对放松新法律实施的现象姑息迁就,随之便出现了大批起诉。我们可以假定,这项法令对伦敦的空气质量产生了某些局部性的效果,但这些改变或许更多地出于人们的想象而非真实。更早的立法者认识到了监控立法效果在提高空气质量上的重要意义,因为这一需要在德拉·贝奇和普莱费尔的问题中已有暗示。但在当时,市政管理人员只感到了监控法律运转情况的必要性。只要在这里再向前跨出一小步,人们就会提出也该对大气组成的变化情况进行监控了。如果不存在一套空气污染监控网络,人们是无法确定城市空气的状态的,而这一监控网络要等到第一次世界大战之后才会定期运转。

公众的兴趣

在麦金农漫长的斗争期间,公众对空气污染问题的认知越来越清楚。然而这始终只停留在认知的水平上,人们并没有感觉到自己本身也有为争取更清洁的空气而奔走活动的强烈愿望。有趣的是,空气污染并没有突然涌上每个人的心头,即使当他们讨论与烟气和烟囱密切相关的题材的时候也是如此。有 100 多封写给伦敦铁公司的创始人约翰·卡特勒(John Cutler)的信,描述他生产的无烟壁炉的使用情况,但其中提到了市区空气污染这一问题的信却屈指可数。[25]

在整个 19 世纪 50 年代,受人欢迎的杂志一直不间断地发表有关防止烟气问题的少量文章,其中尤以《内室杂志》[26](*Chamber Journal*)格外活跃,这让该杂志的读者不怀疑烟气减排会产生的非常积极的好处。而且《内室杂志》所做的也不仅仅是空洞的言辞;出版者们让杂志的印刷厂安装了一台预防烟气的装置,并仔细地指出了因燃烧自己的烟气所能带来的巨大节约。使用按照朱克的专利设计生产的燃烧烟气装置,他们可以把年耗煤量从 284 吨降低到 264 吨,而且与此同时,他们的印刷机的印刷量也增 *104*

加了。按照《内室杂志》印刷用纸张的数目计算，他们认为，煤的使用量降低了20%。这种经验似乎是典型的。

图5.7　尽管家用烟囱并不是19世纪立法的适用对象，但它们也对伦敦的空气污染具有可观的贡献

公众与出版社当然将工业界的游说团体视为反派人物:这些人不但没有在自己的工厂里采取理性的经济实践,反倒竭力阻止立法的通过。《内室杂志》指出,冶铁厂主和蒸馏酒厂主想要豁免防止烟气法令对他们的制约,对此该杂志毫无同情地写道:

> 人们总是有一种倾向,想要避免受到控制他们的邻居的法律的制约;而那些唯恐这一变化会让他们花上一点小钱儿的人几乎爱上了烟气,他们声称烟气不会伤害他们自己,也不会伤害他们的邻居,更不会伤害他们的衣服或者他们的花园。

反烟气法律甚至走进了文学领域。我们发现,加斯克尔夫人的小说《北方与南方》(*North and South*,1855)[27]用"违反议会法律的烟气"这个术语指代来自一家工厂的巨大的黑色烟云。

法律的注意力并不单单指向工厂的烟囱。德拉·贝奇和普莱费尔毫不怀疑伦敦人的家庭对于城市空气的污染也有非常实质性的贡献这一事实,但通过立法反对家庭烟气似乎不是一种明智的方针。对于一般的市民来说,他们对于多烟的壁炉和烟气对他们的室内物品造成的损失和以前一样担心。市面上可以找到一些火炉和壁炉,它们可以解决这些问题,但尽管它们在操作方面已经可以算是相当成功的了,但囿于它们受到广大民众的欢迎程度,这些装置不可能在解决伦敦大气中的烟气问题上发挥显著的作用。 105

尽管烟气减排的原则如此睿智,尽管它只是要降低燃料的消费量,但包括查尔斯·怀·威廉姆斯和《内室杂志》的编辑们在内的许多人都感到,立法措施成功的希望似乎不大。情况确实如此。由于早期立法的实施所面临着的一些特殊困难,结果,总的来说,改进法案变成了一项令人沮丧的失败。尽管其中也有成功的个案,但其数量太少,而且相隔很久才有一次。

塞普蒂默斯·汉萨德(Septimus Hansard)牧师在运用新法案方面取得了可观的进展。他于1865年搬入了贝斯纳尔格林的首席神父住处。人们在他到达的时候告诉他,这片酸性土地上寸草不生。他想在那里种花,这个想法受到人们的嘲笑。在他的4英亩[①]开放的土地周围有许多房屋,还有不下8座工厂的大烟囱在以低水平排放烟气。他的许多邻居长期以来饱受大气中的烟气和不利于健康的物质的污秽效果困扰。和许多邻居一起,他坚持把每一次违反烟气妨害法案的情况通知警察当局。他们意识到,要让警察自己去留意所有违反法律的行为,这超出了他们的能力,但警察愿意对一般民众的投诉采取行动、作出反应。这位牧师也发现,在那些让人厌烦的烟囱的主人中,大多数人在接到适当的提醒之后都会采取合作态度。很明显的是,遵守法律也符合他们的经济利益,只从节约燃料这方面就足以说明这一点了;或许只是漠不关心的心态,才让他们没有按照法案的合理要求行事。这些努力的结果就是,在许多年以后,神父的住宅区内出现了一片足以在上面玩槌球戏的草坪,还有茂盛生长的水仙、希腊爵床花和福禄考(Phlox drummondii),这是让许多伦敦园艺家为之

106

---

① 1英亩 = 4047平方米。——译者注

垂涎的景象。[28]

一经烟气减排立法存在，警察似乎对于工厂主们便不留情面了。[29]对于那些坚持不改的工厂主，他们也在某种程度上付诸法律惩处。除了公众不断增长的认知以外，一部分工厂主也对减低他们自己的工厂里的烟气排放出现了一些兴趣。然而，只是在差不多100年以后，对于控制空气污染立法的应用才从一小批人非同寻常地加以尽力推行的结果，变成了仅仅是行政机构的例行管理工作。

注 释

1. Pocock, D. C. D. (1979) 'The novelist's image of the North', *Trans. Inst. Brit. Geographers*, 4, 62 – 76, and classical comments from Defoe, D. (1724—1727) *A Tour Thro' the Whole Island of Great Britain*, London; Cobbett, W. (1830) *Rural Rides... with Economical and Political Observations*, London.
2. 一些美国人的评论集可见于 Allen, W. (1971). *Transatlantic Crossing*, Heinemann, London。这本书中还收入了一些来自 Fenimore Cooper, Ralph Waldo Emerson, Frances Parkman 以及 Bayard Taylor 的作品，其中都包含有关空气状态的评论。其他的参考文献包括 Aderman, R. M., Kleinfield, H. L. and Banks, J. S. (eds) (1978) *Washington Irving's Letters*, vol. I (1802—1823), Tawyne Publishers, Boston-letter of November 1805; and Hibbert, C. (1968) *Louis Simon: an American in Regency England*, Robert Maxwell, London。
3. Byron, Lord G. (1819) *Don Juan*, London.
4. 常用用法上的意义；世纪交接时的用法见 Laffin J. (1973) *Letters from the Front*, Dent, London。
5. Bevan, P. (1872) 'Our national coal cellar', *Gentleman's Magazine*, NS9,

268 -78。

6. de Vries, A. (1974) *Dictionary of Symbols and Imagery*, North Holland Pub. Co., Amsterdam.
7. 例如,*Cal. Pat. Rolls* 13 Ed. I m12; *Cal. Close Rolls*, 35 Ed. I m6d and m7d; 随后的 *Cal. Pat. Rolls* 35 Ed. I m5d; *Cal. Close Rolls* 4 Ed. II m23d。
8. Nourse, T. (1700) *Campania Foelix*, London.
9. Wilde, O. (1891) *The Picture of Dorian Gray*, Ward Lock Ltd., London.
10. Tillman, D. A., Sarkanen. K. V. and Anderson, L. A. (eds) (1977) *Fuels and Energy from Renewable Resource*, Academic Press, New York; Slesser, M. 与 Lewis, C. (1979) *Biological Energy Resources*, E & F. N. Spon, London; Barnaby, W. (1978) 'Sweden's sunny future', *Nature*, 273, 22 June.
11. Evelyn, J., *Diary*, 11 July 1656.
12. Owen, G. (1595) *A History of Pembrokeshire* (1595)。该文手稿于 1796 年发表在 *Cambrian Register* 上。
13. *A Trip to Scarborough*, III. iii. in Crompton Rhodes, R. (1962) *The Plays and Poems of Richard Brinsley Sheridan*, Russell and Russell Inc., N. Y.
14. *Gentleman's Magazine*, 24 (1754), 172.
15. Brown, S. C. (ed.) (1968) *The Collected Works of Count Rumford*, The Belknap Press of Harvard University Press, Cambridge, MA. 这是一本很有用的再版书;它收集了 Rumford 的一些现在很难找到的作品。如何自行修造拉姆福德式壁炉的说明书可在 Vivian, J. 的书中找到:(1976) *Wood Heat*, Rodale Press, Emmaus, PA。在 Pollock, W. F. 的著作中有关于他的贡献的一个简短的讨论:(1881) 'Smoke abatement', *The Nineteenth Century*, 9 (March), 478 -90。这或许会引发一次讯问,追查曾由 Faraday 于 19 世纪 60 年代才在皇家研究所演示过的 Rumford 火炉的去向;见 Anon., 'Smoke abatement', *Nature*, 293 (1882)。19 世纪中叶的一份有关烟囱设计这一课题的有影响的著作是 Arnott, N. 于 1855 年的 *Smokeless Fireplaces and Chimney Valves*, Longman, London。
16. Marsh, A. (1947) *Smoke*, Faber & Faber, London.
17. 见 B. White 为 1772 年版的 *Fumifugium* 所写的前言。
18. 见 London Assize of Nuisance 1301—1431, *Lond. Rec. Soc.* (1973),该法院于 1377 年 10 月 5 日聆讯的一起案子。然而,大部分有关烟囱的建筑规定并没有提到高度的问题,但说到了防止火灾的问题;见 Articles of Ward-

107

motes in Riley, H. T. (1861) *Liber Albus* 中的文章。Ashby, E. 与 Anderson, M. 在他们出版于 1981 年的著作 *The Politics of Clean Air* (Oxford University Press) 中援引了托马斯 · 列格事件。

19. Frend, W. (1819) 'Is it possible to free the atmosphere of London from smoke...?' *The Pamphleteer*, 15.
20. Malcolm, C. V. (1976) 'Smokeless zones-the history of their development', *Clean Air*, 6(23).
21. Hamilton, H. (1917) *Scientific Treatise on Smoke Abatement*, Sherratt & Hughes, Manchester.
22. Whytehead, W. K. (1851) *The City Smoke Prevention Act*, London.
23. Williams, C. W. (1841) *The Combustion of Coal and the Prevention of Smoke*, London.
24. 我们在这里大致勾画了轮廓的维多利亚时期的立法发展的内容主要来自 Ashby, E. 与 Anderson, M. (1976) 的杰出论文 'Studies in the politics of environmental protection: the historical roots of the British Clean Air Act 1956.' *Interdisciplinary Science Reviews*, 1, 279 - 90。
25. Cutler, J. (约 1864) *One Hundred and Fifty Six Letters Reporting on the Advantages and Disadvantages of a Grate*, privately printed.
26. *Chambers Journal* 19 (1853), 245.
27. Gaskell, E. C. (1855) *North and South*, London.
28. Pollock, W. F. (1881) 'Smoke Abatement', *The Nineteenth Century*, 9 (March), 478 - 90.
29. Carpenter, E. (1890) 'The smoke plague and its remedy', *Macmillan's Magazine*, 62, 204.

108

6
烟气与伦敦之雾

看起来,在"减轻烟气妨害法案"通过后的时代,伦敦空气污染问题的解决只是一个时间问题了。人们曾经认为,一旦公众与当局对此有了足够的警觉,这些立法应该起作用。工程师和技术人员已经建造了一批从烟囱内部降低烟气排放的装置。许多人觉得,烟气控制技术已经很充足了,现在的问题只不过是让大家照章办事而已。[1]常识和良好的习惯做法将最终解决所有的问题。

尽管有这么多人看好控制污染的前景,但显然,到了19世纪70年代后期,空气污染减排的进展并没有像人们希望中的那么巨大。确实,越来越多的工厂主在关心来自他们的工厂的烟气排放,并且正在做出一些努力降低排放,尽管其目的是取得更高的利润。有些实业家积极参与了烟气减排委员会的工作,而且这些人的工厂的烟气排放有可能有了可观的降低。在1853年的"减轻烟气妨害法案"之后,1858年和1866年的"清洁法案"以及1875年的"公共卫生法案"中都包括了烟气条款。然而,在许多城市中,当地立法的复杂性时常使得烟气减排方面的法律受到了忽略。伦敦的情况稍好一些,至少法律在这里没有被置之不顾。

尽管警方在追捕违法者方面费尽心血,但其中牵涉的技术性问题却意味着在对违法者课以足以威慑空气污染行为的重罚方面,地方法官变得很不情愿。因此,到了19世纪80年代,人们对于烟气减排的热情似乎已经没有早些时候那么高昂了。

由于19世纪晚期伦敦还没有监控空气污染的网络,结果没有什么人真正地知道城市的空气中有多少污染物。人们在空气中取了一些样品,并由历史上首位“碱业检查官(Alkali Inspector)”安古斯·史密斯(R. A. Smith)进行了分析,但这些孤立的测量无法说明情况是否得到了真正的改善,或者发生了其他的长远改变。[2]就在工厂主可以指着庞大的烟囱,证明黑烟排放量已经有了一些降低的时候,人们在潜意识中有一种强烈的感觉,认为情况并没有得到真正较大的改变。在人们采取了认真的措施,在排放最厉害的地方施加控制之后,如同雪片般从天而降的黑色烟尘似乎不像以前那样很容易就能注意得到了,这一点是确信无疑的。是人们的眼睛很容易被蒙骗吗?还是说,除了烟尘与烟气之外还有其他的重要污染物?许多人认为污染变得更为严重了的原因,是伦敦的气候似乎发生了变化。伦敦下雾的频率及其厚度正在发生改变。阴暗的程度是无法用气象学上的术语来定义的,但在城市内,阴暗的程度确实增加了。[3]在人们的直觉中,这些变化与伦敦的空气污染存在着联系。

109

伦敦雾的历史

沿泰晤士河一带地区一直有雾,但不知为什么,它们在19世纪变得特别引人注目。在这个时候,人们开始感觉到,雾与空气污染是有联系的;正如我们在第 2 章中看到的那样,高水平的污染的确有助于雾的形成。与过去相比,19 世纪的雾更浓厚,更经常发生,而且颜色也有所不同。很难说清楚这一切是从多久以前开始发生的。有关伦敦雾的一些最早的记录来自著名天文学家托马斯·哈里奥特(Thomas Harriot,1560—1621)的记事本。他曾利用英格兰最早的望远镜之一观察太阳的表面。为减低日轮的亮度,他不得不透过薄雾或者云层进行观察,因此在他的记录中包含着许多17 世纪第一个 10 年中有关大气清晰程度的参考资料。[4]下雾的情况还是会时常发生的,但它们可能完全是出自自然的原因。然而,到了 17 世纪末,人们已经不再能够很肯定地说,这个城市本身不是造成一些最浓厚的雾的部分原因。正如我们已经看到的那样,航海占星家约翰·盖布利[5]曾在他 17 世纪晚期的天气日记中标注了一些所谓"大臭雾",即在伦敦发生的非常浓厚持久的大雾。而且,17 世纪 80 年代一位访问过伦敦的德国人 H. R. 边沁也曾在他的旅行见闻记录簿中对伦敦的多雾情况有所评论。[6] 17 世纪晚期有关伦敦雾的参考文献的高频率说明,该市的多雾状况超过了人们觉得它应该有的程度。这可能是小冰河时期的这一部分时间里,某种更为稳定的大气循环阻止了雾的分散而造成的结果。

对于一些对烟气减排感兴趣的维多利亚时期英格兰人来说,长期记录的伦敦多雾状况对于确定该市空气质量的变化显然是非常有用的。罗洛·罗素(Rollo Russell)寻找过这些记录,但没有成功。[7]气象学家莫斯曼(Mossman)和布罗迪(Brodie)坚持得更久一些。莫斯曼从人们的陈年日记和记录中收集了一套 200 年的数据。他从中得出结论,认为在这期间雾的发生频率发生了令人惊异的增加。[8]布罗迪利用了 1870—1890 年的官方记录,他甚至可以从这一相对短暂的时期中看出雾天频率的增加(见表 6.1)。当时的其他气象学家对于莫斯曼和布罗迪的结论有不少反对意见,他们不信任不是通过仪器得到的对于雾的观察结果,认为这类观察的主观性太强。对于雾的发生频率在增加这一想法的反对也反映了当时的气象学家的一种感觉;他们认为,气候的确会发生波动,但它不会以任何有系统的方式变化。

110
111

图 6.1 泰晤士河上的雾

表6.1　1871—1890年间伦敦雾的增加，以每年有雾的天数表达

1871—1875年	1876—1880年	1881—1885年	1886—1890年
51 ± 15	58 ± 15	62 ± 7	74 ± 11

出处：布罗迪，F. J.（1892年）《在1871—1890的20年间，伦敦雾的流行程度》，皇家气象学会季刊，18，40–5。

可以通过使用天文气象记录的方法，把莫斯曼的工作推广，用以给出一套伦敦出现雾天的情况的记录，这份记录可以一直回溯到17世纪内的许多年内。也可以通过官方的气象记录，把这一工作一直延续到今天。在这一段长达300年的记录中，无论观察技术、观察者所在的地点或者是伦敦的地理特点都发生了巨大的变化。要调整这些因素使结果可以相互参照，这一工作绝不简单，因此在解释这些经由许多观察者收集的原始数据时必须有足够谨慎的态度。图6.2(a)总结了其中许多数据，从这些数据中，我们可以看出从大量每日观察结果中估算出的每年平均雾天数。图中画出的最早观察数据表明，当时的雾天频率明显高于18世纪开始的时候。这是我们已经提及的最早的多雾时期。尽管有些"大臭雾"的来源可能与市区有牵连，但要分摊责任是很不容易的。污染可能与之有关，但它们可能也经常是在17世纪晚期持续存在的相对停滞不动的大气循环所造成的。

就我们对于市区气候的兴趣来说，更具有结论性的，是雾天频率的逐步增加，这种增加在1750—1890年的100多年间一直在持续。在此期间，我们更能够确定的是雾的出现频率在增加，因为即使根据单一观察者的记录，我们也能看出雾天频率的持续增

加。最能令人留下深刻印象的记录来自河岸街的一位名叫威廉姆·卡里(William Cary)的仪器制造者,他的气象观察每月发表在《君子杂志》上。这一观察覆盖了大约70年的时间。尽管一个雾天状态逐步增加的观念对于当时的气象科学来说有些令人不快,但那时候几乎所有伦敦人似乎都在讨论雾。[10]

雾天频率似乎在19世纪90年代达到了高峰,但在新的世纪里,雾天的频率依然很高,足以让人们对此进行研究。就在1902—1904年间的"伦敦雾调查"正在进行的时候,雾开始消失了。亨利·伯恩斯坦(Henry Bernstein)在他题为《爱德华时期伦敦雾的神秘消失》(*The mysterious disappearance of Edwardian London fog*)[11]的论文中讨论了这一现象。曾经如此仔细编制了1879—1890年间伦敦雾频率上升的记录的气象学家F. J. 布罗迪的反应很快,他观察到了雾频率在20年代初期的下降。[12]他把这种变化归结于"煤烟减排协会(Coal Smoke Abatement Society)"的活动,该协会成立于1899年,一直在推动实施要求工厂消化他们自己的烟气的法律。同样真实的是,来自家庭的排放量可能也通过煤气灶的更广泛使用等改变而有所下降。尽管我们可以令人满意地把这一条件的改善归功于各方烟气减排人士的努力,但这些似乎并不是如此引人注目的改变的主要原因。

112

19世纪见证了伦敦市区面积的庞大扩张,这是因为郊区的交通网能让人们在大城市中活动。就在这座都市扩大的同时,该市居民的燃煤活动也逐步分散在一个更为广大的区域内。人们预期,这将导致伦敦雾的规模随之下降。然而,在这期间或许也有着气候上的改变,它也有助于雾的规模的急剧下降。[13]雾天频率的下降一直延续到20世纪,人们经常把这种现象归结于在伦敦范围之内排放量降低而造成的较低的污染水平。对工业更严格的控制、燃料种类的改变和煤作为家居燃料的重要性的下降,这些都一定有助于降低下雾的频率,但谁也无法肯定这些不同的因素在对于维多利亚时期的伦敦雾的产生方面扮演的角色。当然,到了1956年“清洁空气法案”(Clean Air Act)出台的时候,雾天的频率已经降到了它们在19世纪晚期的频率的一小部分了。

无论我们现在发现理解维多利亚时期伦敦雾的起源方面何等困难,但在当时人们对此感到的疑惑要少一些。许多有影响的人似乎认为此事明显不值一提:雾天频率的增加就是空气污染增加的结果。尽管存在着自19世纪50年代便生效了的“减轻烟气妨害(都市)法案”,污染的增加还是发生了。人们并没有认为,法案未能起到应有作用一定是实施不力或地方法官给予的罚金过低造成的,因为人们有一个强烈的感觉,就是工厂的排放量事实上降低了不少。这或许是真实的,因为许多工厂主因为经济利益而在开始“燃烧他们自己的烟气”。然而,有些推动改革的人感到,人们根本没有找准造成污染的真正原因。

113

作为污染源的城市

当人们试图改善环境质量的时候,没有任何事情比错误地确定了污染物或者污染源更具灾难性或者更令人士气低落的了。许多作者在19世纪末感到,“减轻烟气妨害(都市)法案”只确定了几种特定的工业污染源,这一范围太窄,因此应该扩大法案的针对对象,使其覆盖所有来源。一直到19世纪下半叶之前,没有几个伦敦人把作为一个整体的城市视为污染源。法律采取了最为方便的途径,仅仅对于那些容易控制的工业,或者那些在议会上的游说能力比较弱势的工业规定了限制。将城市的整体作为一个区域污染源的认识之所以不足,应该源于有关空气污染的最早著作。约翰·伊夫林的忧虑总是指向孤立的大型烟气来源,诸如工厂的烟囱,[14]与此同时他宣称,“厨房用火在其中……起的作用很小”。在随之而来的世纪中,人们对于点源(point sources)的兴趣一直存在,而且出现了有关污染者“黑名单”的理念。有些乡村居民对于城市是一个污染源的说法更为敏感,并声称他们能够闻到城市的气味。人们把伦敦称为“那簇大烟气”或者有时候更简称为“烟气”。人们把爱丁堡称为“老烟城”在很大程度上是出于同样的原因,但那座城也充满了垃圾和污水的恶臭。[15]尽管这些城市在18世纪已有此昵称,但只是到了19世纪,整个城市是污染源的想法才开始在污染科学中取得重要的地位。

在19世纪早期,伦敦气象学家卢克·霍华德(Luke Howard)开始对市区气候学发生了兴趣。人们对霍华德的事迹最为铭记在心的是他提出云的命名法系统而对气象学做出的持续贡献,这种命名法一直沿袭使用至今;但他对于城市气象学的贡献并没有得到同样的认识。他在自己的气象记录中所做的许多笔记说明,他认识到了作为一个整体的城市对于气候的作用。[16]他有关在伦敦内部和周围的温度的研究让他自己确信,这座城市具有一种“人工热量的过剩”,这种过剩相当于让市区温度在冬天的几个月里增加2华氏度①以上。他推导得出的结论是，这一温度提升是城市燃料消费与市区表面对辐射的吸收二者共同造成的结果。在城市周围上空悬浮的烟气和雾也是许多人观察研究的对象。例如，1812年1月10日，一个无风的日子，伦敦在几个小时中陷入了黑暗。商店里点起了灯火，行人必须特别小心以防事故发生。霍华德的当日记录以如下评论结束："如果我们的大气不存在极度的移动性，这样一座由十万张嘴构成的火山在冬天几乎是无法居住的。"

114 霍华德认为，伦敦所有的烟囱都参与了造成如此经常地悬浮在该市上空的"煤烟云(fuliginous cloud)"的过程。在那个世纪之末，在大气停滞不动的时候，这座城市确实变得几乎无法居住了。其他的科学家也意识到了家庭来源的污染物的规模。拉姆福德伯爵宣称，在任何时刻，都有成千上万吨废煤漂浮在伦敦人的头顶。[17]他无疑希望，对于这些废煤倾泻而下的恐惧会促使伦敦人购买他设计的那种无烟火炉。尽管霍华德对人为因素对伦敦大气的影响极有兴趣，但他似乎对烟气减排没有什么兴趣。

19世纪中叶立法的失败引起了其他一些人例如罗洛·罗素和弗朗西斯·加尔顿(Francis Galton)等对于伦敦污染源的地域性质的强调。[18]上述二人都写过有关家居煤消费对于污染的非常巨大而且重要的贡献。罗素强烈相信，对于污染的主要贡献来自

115 家居部分，因为星期天和节假日的雾天要多于工作日。看上去这

① 1华氏度等于5/9摄氏度，华氏温度与摄氏温度的转换公式为 $f = c \times 9/5 + 32$。——译者注

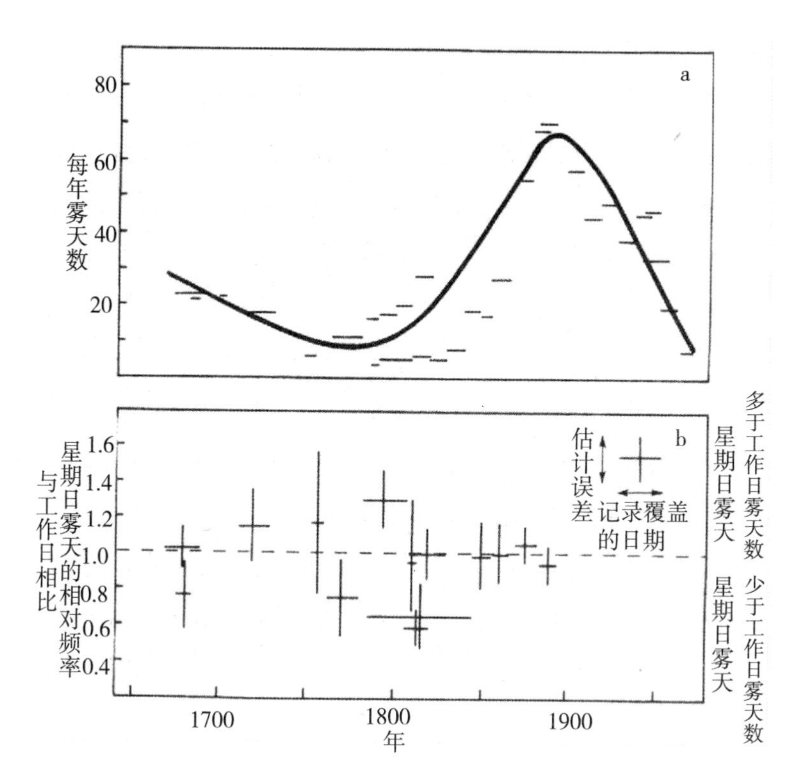

图6.2 (a)自17世纪以来伦敦每年有雾的天数,(b)伦敦星期日有雾的相对频率;数值大于1意味着星期天有雾的频率比工作日有雾的频率更高,小于1则意味着频率较低

是一个甚为合理的论点,但这一论点与约翰·伊夫林在两个世纪前的论点恰恰相反。按照伊夫林的观点,工业显然是伦敦的麻烦之源,因为污染几乎总是在星期天消失。星期天的雾天频率似乎是衡量家居与工业部分对于整个伦敦污染的相对贡献的一个非常有用的指标,但当人们把已有的数据画到图上(见图6.2[b])时,从中看不出支持伊夫林的说法或者支持罗素的说法的有力证据。在

19 世纪刚刚开始的时候，似乎星期天的雾天频率略低一点，但甚至在这种情况下也很难确认。

这又一次十分清楚地说明，与气候的现实相比，人们心中对于伦敦的气候的信念在更大程度上影响了他们的活动。正像我们之前说过的那样，罗素试图收集雾天频率的长期记录但没有找到足够的数据。因此，人们必须假定，他有关星期天有较高的下雾频率的信念仅仅基于自己的长期记忆。他使用了这样一种主观证据来作为自己有关家居能源消费模式改变的观点的依据。尽管罗素以自己的记忆为基础进行的气象观点或许有失偏颇，但他把许多烟气污染归结于家居来源或许并没有什么不妥之处。他的小册子《伦敦之雾》(*London Fogs*)在维多利亚时期的伦敦有许多读者，有人把他的著作在当时的影响与雷切尔·卡森(Rachel Carson)①的《寂静的春天》(*Silent Spring*)在今天的影响相提并论。[19]

雾与烟气委员会

19 世纪 80 年代早期，最活跃的烟气减排组织是由 E. A. 哈特(E. A. Hart)担任主席的雾与烟气委员会。哈特最后成了国家烟气减排研究所的所长。这个委员会总是能够设法让自己的宣传广为人知，组织参加者众多的会议，并从贵族和政治家两方面都

① 雷切尔·卡森(1907—1964)，美国海洋生物学家，其写的《寂静的春天》一书引发了美国以至于全世界的环境保护运动。——译者注

得到了支持。开始的时候,尽管看上去进一步收紧已有的规定可能对于来自工厂的排放会有些效果,但却没有任何方式可以进一步扩展这些规定,使之覆盖家庭烟气。法案的实施对于工业污染源已经够困难的了,将其扩展到家居火炉更是不可能的。

该委员会的方针十分明智。他们并没有寻求通过立法来解决家庭排放问题,而是通过推出榜样来进行这一工作。到了这个时候,他们已经知道,这不是经济的或者技术的问题,而是一个公众的态度问题。他们或许有可能努力说服人们使用设计得很好的无烟灶来做饭,但却没有几个人愿意放弃客厅壁炉里燃烧着的让人心胸开朗的开放式火焰。有些热心于减排事业的人坚持认为,这一问题只不过是因为仆人们不知道如何把火烧好造成的;116或许在使用无烟煤的情况下确实是这种情况,因此有人曾建议把威尔士女孩派到城市里,让她们教会人们如何用硬一些的煤来烧出一炉好火。这个委员会最成功的公关尝试则是烟气排放展览,该展览与1881年11月30日于南肯辛顿(South Kensington)开馆。

该展览的230件展品分别陈列在两个主要区域,一个一展出的是工业设备,另一个展出的是家用装置,但参观者兴趣集中在家用装置上面。每一件装置都由一组专家从头到尾进行试验,周围有一组挑剔的公众发表评论,后者十分肯定于他们想要的是一个"开放的、可以用拨火棍摆弄的、让人感觉亲近的火焰"。他们认为,在起居室内由开放火焰提供的热辐射源是非常重要的。来自吞吐着的火舌的热辐射温暖了房间里的墙壁和家具,而不是房间里的空气。人们认为这要比加热更令人高兴得多,而加热则是通过与热表面的接触让空气温暖。人们说,使用开放式火焰是英伦群岛居民的皮肤普遍气色好的原因,也是那里的年轻人相对不那么需要使用眼镜的原因。还有些人提出了一些理论,说来自开放火焰的"生物玻璃光线"对于人类的生育能力很重要,而且在20世纪还有人搬出了玛丽·斯特普(Marie Stopes)①的名字来支持开放式壁炉。既然在开放式壁炉名下林林总总有这么多的优点,简单的火炉永远也得不到广泛的接受,这还有什么值得大惊小怪的吗?

1881年的展览并没有让大批伦敦家庭安装无烟壁炉,从这一点来说它是失败的。然而,指望人们广泛地接受新装置,这一点未免过于雄心勃勃了。这一展览真正的重要性在于,更为清洁的空气这一概念受到了相当大的公众注目。遗憾的是,在这次展览之后的好多年里,人们还是说话无止境,行动没多少。《泰晤士报》[20]曾在1883年提醒它的读者:100年前,拉姆福德伯爵曾经"证明英格兰的壁炉和烟囱好像是专为把大部分热量释放到室外的空气中,并把大部分炭作为烟尘和灰尘留在室内而设计的",而时至今日,事情没有任何变化,伦敦雾依然故我。

作为雾都的伦敦

伦敦在17世纪晚期从德国旅行者那里得到了它作为雾都的声誉。访客开始会因为雾限制了他们观赏英国首都的景色而感

---

① 玛丽·斯特普(1880—1958),英国古植物学家、优生学家、女权运动家。她最为出名之处在于她在计划生育方面的贡献。——译者注

到失望;[21]但到了后来的19世纪,许多访客则会因为没有领教"伦敦特色"而感到更为失望。不知出于何种原因,如果人们没有经历雾天,他们会觉得自己受到了欺骗,这种感觉就和我们到了洛杉矶但却看不到烟雾而有些失望的感觉大同小异。从一份来自诗人詹姆士·罗素·罗维尔(James Russell Lowell)(他当时是到访英格兰的美国公使)1883年3月的信中①我们可以读到以下内容:

117

> 致塞奇维克小姐
>
> 拉德诺广场2号,1888年10月3日
>
> 我们现在正在雾季之初,今天出现的是黄色的雾;这种事情总是能让我感到生机勃勃,这真是能让事物变得美好的诀窍。它也能以一种隐秘的方式奉承一个人的自尊,让一个人蓬勃向上。在他迎接那个组成排他的小团体的时刻,能让这一团体得以包裹自己,进入一个金色的隐秘之所。它也是相当富有画意的景色。就连出租汽车的车身周围也环绕着一层光晕,横跨街道的人们具有让人联想到一切情景的可能性;它能如此刺激你的想象力,让你感觉你处于正在消失的壁画的画面之中。即使是灰色的,甚至是黑色的雾也能为你展现新的、未曾被人探索过的世界,这不会让面对诸多雷同的风景感到乏味的人感觉不快。[22]

---

① 这里的年份与信中的年份不符,按原文译出。——译者注

从晚秋开始持续到入冬的雾季已经不复存在了，但人们普遍认为，11月是情况最为严重的一个月，尽管气象学家对此再次不以为然。当然，小说家们发现这个月既寒冷又多雾，而在侦探故事里让它成了主要的案发背景时间。[23] 11月如此声名卓著还不单单是因其多雾。《新森林的孩子》(*Children of New Forest*)的作者弗里德里克·马利亚特(Frederick Marryat)就曾写道，11月也是厌世与自杀的月份。[24]据说有一则法国谚语就曾声称：

> 10月份那位英国人射杀野鸡
> 11月份他射杀他自己[25]

托马斯·胡德(Thomas Hood)写的一首异想天开的诗就利用了困扰着这个月的麻烦：

> 没有太阳，没有月亮……
> 没有树叶，没有鸟，——
> **11月**

或许，11月的雾特别有冲击力的原因在于，它们既浓厚又经久不散(见图6.3)。如果我们只考虑雾非常重的那些天，那么即使在20世纪的记录中我们也会发现，它们在11月出现的频率是最高的。甚至在20世纪，发生在11月的雾还往往会一直到大白天都不散去。很显然，人类的感知与气象观察之间存在着差异。就像我们预期的那样，气象学家更为敏感，而且在他们在登记文件中记录时也对不那么极端的状态作出了反应。如果把专家注意到的较为稀薄的雾气也算成雾的话，则12月出现雾天的频率就是最高的了。[26]

尽管对于哪个月雾最重存在着不同意见，但阴沉沉的天气还是在冬天的几个月里笼罩着伦敦这座城市。在19世纪的进程中，连气象学家也愿意把"阴郁"这个词随着日益增加的雾天频率写在他们的日记里。心理上的和气象学上的阴郁无疑在伦敦的初冬存在着联系，因为人们在此期间对流行的阴沉状况做过数不清的描述。[27]天色如此昏暗，以至于房屋和店铺必须在白天点上灯火。当然，这也增加了照明费用。事实上，白天的室内照明在18世纪晚期并不普遍，但在维多利亚时期却是人们司空见惯的情况。

118

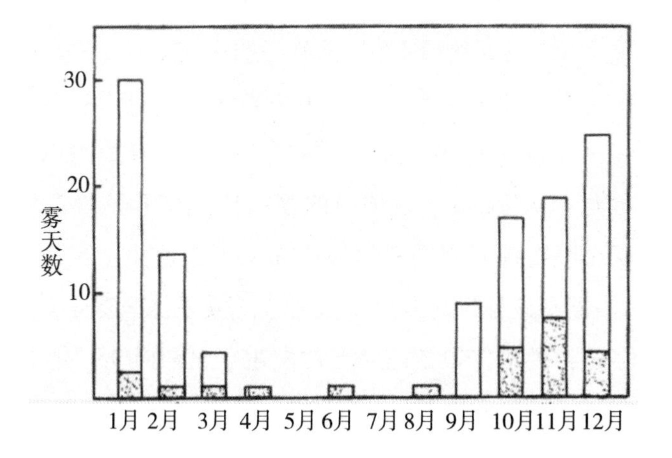

图6.3　伦敦的雾天和浓雾天的季节分布；阴影区标明那些在卢克·霍华德的记录中被称为"浓雾"的天数

这就意味着，一些新的术语，诸如“日间黑暗(day darkness)”与“高雾(high fog)”开始出现在伦敦的词汇中。特别是后者，人们用它来描述当地面上并没有出现雾时发生在白天的黑暗时期。[28]在这样的情况下，有时候太阳被完全掩蔽了，而且尽管天色如此黑暗，人们还是有可能见到好多英里之外建筑物上的灯光。当这种现象出现的频率增加的时候，它对早期的电力公司造成了麻烦，因为事实证明，这些公司原始的开关装置不足以处理因额外照明而出现的突然要求引发的电力高峰。我们可以从气象学家J. E. 克拉克(J. E. Clark)的著作中找到当时室内照明需要的记录，他在世纪交接之时记录了他在伦敦的办公室里每日需要掌灯的时间。[29]他的研究结果表明，市内照明的需要在上午高得异乎寻常。这就是浓雾最常发生的时间段。根据他的记录，如果按照必须掌灯的情况来说，似乎1月是最为阴沉的一个月，但12月的记录可能会低于实际情况，因为圣诞节假期在这个月。一段时期之后便有了电力公司的仪器记录，图6.6给出了当高雾现象出现时的某日一个发电站的电力输出。尽管有大雾刚开始时照明需要的剧烈变化，早期仪器清楚记录的烟气浓度却几乎没有发现改变。有关这种特殊时间的视觉描述提及了在地面层次相对高的能见度，因此在这种情况下，遮蔽似乎只发生在大气高层。[30]

119

尽管这样的事件如今已经不常发生了，但在1955年1月16日还是出现了一次令人瞩目的日间黑暗。在这一特定事件[31]发生时，人们已经有广泛的仪器可供使用了。这次事件或许可以为前面的许多事件提供一个合理的模型，因此值得我们对其进行进一步探讨。当时的气候模式(见图6.7)特征是存在着一个很强的低

121

图 6.4　一大早的雾与咖啡

气压，并在其中心附近存在着一个相当弱的气压梯度（因此有轻风吹拂）以及非常活跃的锋前（于是形成了浓厚的云层）。在较低层次的大气内有雾和温度逆增。在上午的光照下，风从伦敦带着烟气向西北方向运动。由于温度逆增阻止了纵向混合，因此烟气无法分散。据估计，最初的烟气层厚约 175 米。这一含有烟气的气块的运动如图 6.7 所示。当烟气到达奇尔特恩区(Chilterns)时,正好被一冷锋前切入。有可能发生的情况是,含有烟气的空气在锋前切入时剧烈收缩,并沿竖直方向上升。这就会把带有烟气的空气堆积在一个直径超过 1000 米的垂直柱状范围之内。来自飞机上的观察报告显示,当时的云层是连续的而且很厚,占据了 400 米到 4000 米之间的高度。

图 6.5　早期发电站内的锅炉与供煤;这些发电站污染了空气,但人们还是发现,它们无法应付因"伦敦烟雾"而带来的对于电力需要迅速变化时造成的高峰

大约到了日中的时候,气块开始在奇尔特恩区上空聚积。不久之后风向逆转,强度也逐渐增加。于是,风就带着这些空气,带着极为浓密的烟气柱和它上面的云层穿过伦敦上空。极度黑暗的气流带到达英格兰东南部不同地点时的时间如图 6.7 所示,这

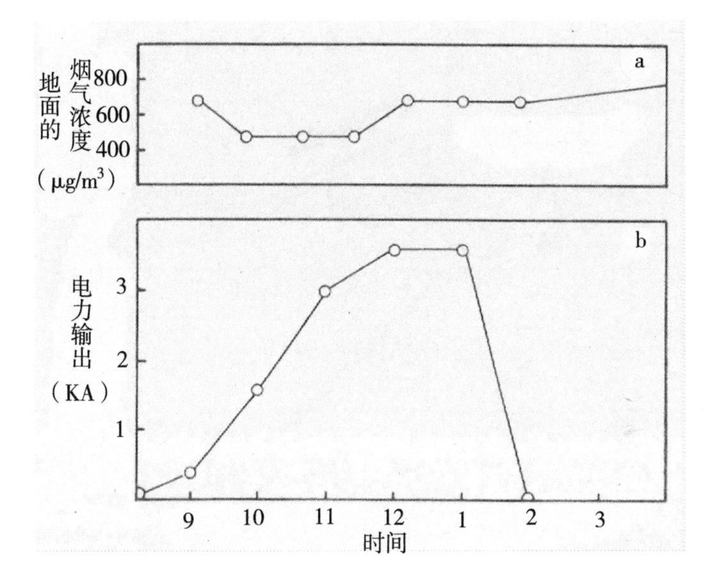

图 6.6 (a)地面水平的烟气浓度,与之对照的是(b)电站中生产的电力;当在这一事件中电力的消耗量急剧增加时,地面水平的烟气浓度并没有多大的变化,因为黑暗的发生是由高空水平的烟气层造成的

与人们预期会出现的含有烟气的空气在主风下的运动模式符合得很好。在伦敦,光强度和烟气水平的记录都存在。地面层次的烟气浓度并不算特别高。遮蔽效果是随着烟气层垂直方向厚度的巨大增加而增加的,与地面层次的浓度关系较小(见图 6.7)。光强度在 1 月份的一个晴天里应该在 36 千勒克司左右,但在一个浓云密布的日子里应该降到大约 7 千勒克司。在大约 13 时 15 分的时候,显示于图 6.8 中的光强度水平从 7 千勒克司降到了 0.03 千勒克司以下。光强度在随后的 6 分钟内差不多为零。经历过这一现象的人们说,整个世界好像都到了末日。

122

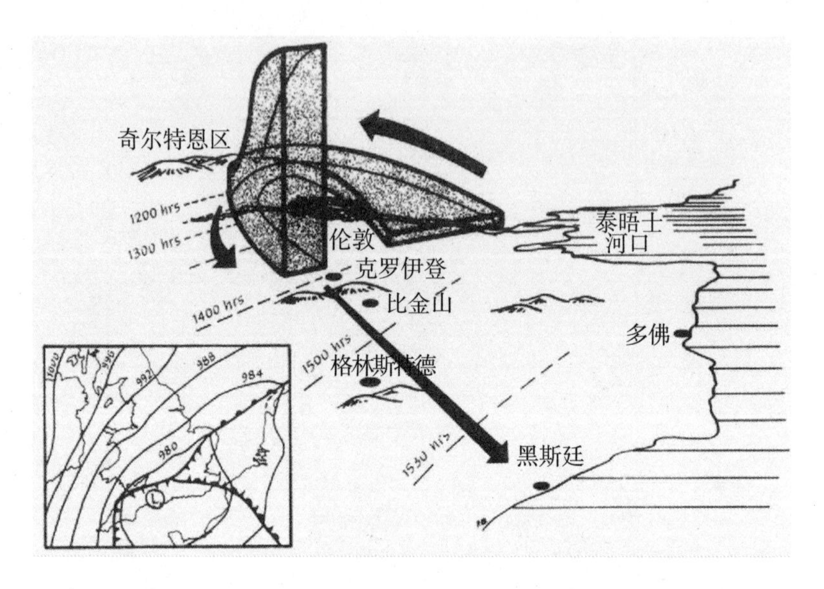

图 6.7　黑暗日,1955 年 1 月 16 日的空气运动示意图和气象图(内图)

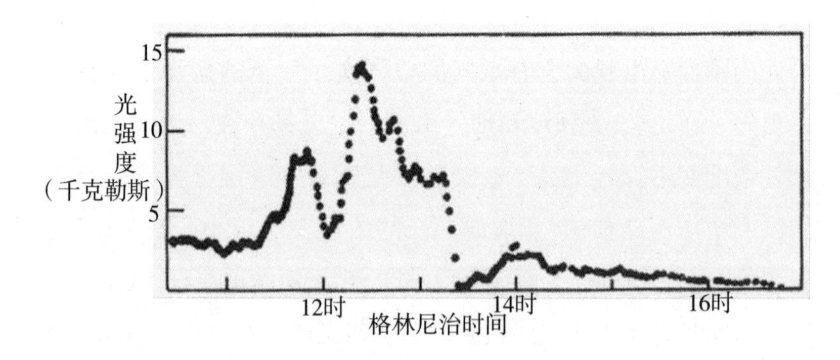

图 6.8　黑暗日,1955 年 1 月 16 日全天的太阳光照强度

雾所产生的效果

我们已经讨论过雾在伦敦的冬天里投下的阴沉,并且说到了它在人的心理上可能会具有的含义。它无疑会影响旅游业,但或许也会有人想来看雾。由于照明和电力负荷的突然改变而让电力需求不断增加,因此电力照明公司首创发起了可观的气象学研究。仅仅一天的大雾造成的额外燃气照明费用即达 5000 镑之多,但人们认为,如果把交通中断、事故和由于烟灰沉积而留下的需要清扫的污秽造成的清洁费用计算在内,这一天大雾造成的总花销应该在 20000 镑到 50000 镑左右。

从最早的时候起,雾对交通的影响就是一个麻烦,而在有关 17 世纪的伦敦生活的记录中,它更是具有突出的地位。古物研究家安东尼·阿·伍德(Anthony à Wood)记录了 1667 年 11 月 11 日发生在伦敦的一次大规模雨夹雾天气,当时"马在奔跑中互相冲撞,大车撞着大车,长途公车撞着长途公车,如此等等"。伊夫林也叙述过一个类似的事件。[33]浓雾当然曾在伊夫林的时代妨碍过旅行者,它们更给维多利亚时代伦敦的交通系统带来了彻底的混乱。对于因为贪睡而上班迟到的学徒工来说,"交通受大雾阻塞"是一个很方便的借口,但雾的效果远非一个"延迟"而已:它们对于交通信号造成的影响增加了铁路交通的事故。

在旧日的《笨拙》(*Punch*)周刊中,有一幅漫画中画了两个面目朦胧的男士,漫画上的说明是:雾中迷路的行人问:"请问到泰晤士河怎么走?"湿淋淋没戴帽子的陌生人答:"直走。我刚刚从

123

河里爬出来。"这就是当时《笨拙》周刊的典型幽默,但真的有一次,一行7个人就因为雾而一直走进了泰晤士河。[34]在从1873年12月8日到14日的大雾中发生的更为悲剧的事故中,据说至少有15人溺死于诺斯塞德(Northside)码头。在沃平(Wapping),有两位男子走进河里被淹死。有两位家住圣约翰伍德(St. John's Wood)的工人在回家途中也因走进了摄政运河(Regent's Canal)而死去。

雾天也使得因病而死的死亡率上升。当然,死亡率在冬天总会上升,但不可能将某些上升视为随机的涨落而置之不顾。在1873年大雾的一周中的死亡人数,与正常情况下的那段时间内伦敦在预期中应该出现的死亡人数相比,似乎多出了700起。公众开始意识到,除了每当他们走上街头时有短暂的窒息感觉之外,大雾似乎还会造成多得多的其他妨害。许多人的生命在烟气和雾气中流逝,更多的人的"健康受到了严重的损害,以至于在好几个星期内都无法复原"。无论怎么说,1873年发生的事件都不是最后一次。随后的20年不但见证了雾天频率的上升,而且在停滞不动的大气条件让污染物的浓度积累到了高水平后,见证了这些"大雾"停留在伦敦多日不散的情景。在这些大雾经久不散的时期之后出现的是死亡率的增加。这些插曲并没有随着维多利亚时代①的终止而不再上演,因为在迄今为止的20世纪内已经发生了的大雾已有五六起之多。这些大雾中最糟糕的一次就是1952年的"大雾霾(The Great Smog)"。在此之后发生的额外死

① 维多利亚时代是1837—1901年。——译者注

亡人数高达4000起之多。表6.2总结了伦敦发生的重要大雾。[35]

表6.2 1873－1982年间发生于伦敦的重要烟雾

年份	月份	历时(天)	额外死亡人数	每日最高浓度	
				SO_2 μg m^{-3}	烟气 μg m^{-3}
1873	12	3	270－700		(a)
1880	1	4	700－1100		
1882	2				
1891	12				(b)
1892	12	3	~1000		
1948	11	6	~300		
1952	12	5	4000	3700	4460
1956	1		480	2800	1700
1957	12		300－800	2800	3000
1962	12	4	340－700	4100	1900
1975	12	3	(c)		500－600
1982	11			560	

注：(a) 在大雾初期的烟气水平为800 μg m^{-3}或更高。

(b) 这次大雾期间的烟尘沉积为9.4g m^{-2}。

(c) 无统计意义。

动物自然也受到了大雾的影响。在1873年的大雾中，据说有许多要在埃斯灵顿(Islington)大展览会中展出的牛因窒息而死。为了免除大批还活着的牲畜的痛苦，人们只好将它们统统宰杀。这一事件似乎给时人留下了极其深刻的印象；其原因或许就像一位爱尔兰人所说的那样，这些牛之所以被宰杀，并不是为了免除它们活着所要受到的痛苦，而是为了它们身上的肉的价值。据说绵羊和猪受到的影响较小。[36]

文学作品中对于伦敦雾的描述

从狄更斯的时代到 T. S. 艾略特的时代，在伦敦的文学作品中，有关雾的出现频率之高相当令人吃惊。我们现在还以自己的视野审视维多利亚时代的伦敦生活，持续的雾气候状态为这种生活提供了背景。雾似乎是发生在伦敦的侦探故事的前提，而在任何一个时代的小说里书写的侦探小说也都免不了提到雾。一位评论了罗伯特·李·赫尔（Robert Lee Hall）最近的书《夏洛克·福尔摩斯退场》（*Exit Sherlock Holmes*）的评论者推荐了这本书，因为其中描写了真正的雾和双轮双座单马车的风味。[37]然而与维多利亚时代的人相比，这种雾气缭绕的伦敦的形象对于我们来说可能更震撼一些。如果没有雾，我们能够想象任何一个开膛手杰克的故事吗？在夏洛克·福尔摩斯的时代，雾或许确实经常有，但是，如果想要让现代的模仿作品抓住它们所要描写的那个时代的大气的特质的话，或许雾在这些作品中更为重要。[38]

124

这些有关伦敦天气的文学描述在对于雾的认真研究中变得非常有用，因为在 19 世纪的那个时候，有关雾的科学研究存在着如此之多的断层。人们确实可以从早期的气象记录中取得雾天的频率，但有关它们的分布状况，人们却更加难以辨明，因为当时的气象站很少。例如，有些气象学家感觉，伦敦的雾来源于伦敦城外地势较低的地区,然后通过比较温和的风经平流输送进入伦敦。非气象学的来源[39]能够提出一个相反的图像,认为雾通常是以伦敦为中心的。柯南·道尔的《四签名》(*The Sign of Four*)可以证明,当夏洛克·福尔摩斯、华生和莫斯坦小姐前往上诺伍德(Upper Norwood)的那个9月的晚上是个雾天,但到他们穿过诺伍德的时候,雾已经被他们抛在了身后。

在科学文献中似乎对于雾的颜色没有令人满意的解释。在气象日记中的最早描写很模糊,但随着时间的推移,人们可以看出,黄色的雾出现的频率变得越来越高。在19世纪的第一个10年里,伦敦气象学家托马斯·弗雷斯特(Thomas Forster)也对此有过几次记录。[40]不久之后,弗雷斯特的同事卢克·霍华德也观察到了黄雾,[41]但总的来说,气象学家对雾的颜色不是很注意。

125

尽管在19世纪开始的时候拜伦说伦敦有着"一个暗褐色的圆顶",但直到19世纪40年代以前,浓厚的黄色伦敦雾并没有真正来临。不过,从那时起,雾的颜色似乎变得越来越令人瞩目。[42]在20世纪出版的一部书中,作者声称,19世纪50年代的伦敦人看到黄色雾的机会十分稀少。[43]正像我们可能从E. F. 本森(E. F. Benson)的描述中看到的那样,带有颜色的雾似乎不仅会更为经常地出现,而且其颜色也会愈加古怪。

> 显然有一股气流曾经突然扫过了天空,让那里原来伸展着浑浊身影的浓厚的黑色幕布发生了变化,随之而来便是在幕布上出现的裂开的缝隙,以及透过缝隙的光亮。橙色的气雾漩涡与黑色发生了暂时的混合,好像有一位天空艺术家正

在按照他的天空审美观试验着颜色,想要看看某些混合会产生的效果。透过这些庞大的缝隙,对面房屋的烟囱突然像遇难的航船的帆桅一样出现了。然后,缝隙就再次被缝合了起来,而那种深色巧克力颜色的幕布则吞噬了瞬间出现的闪闪微光。但激战中的气雾的暴乱变得愈来愈猛烈:黑色退回了1/4 的区域,但在另一个 1/4 的区域里,所有的色调,从最深的橙色到黎明的浅灰色都一个挨着一个地次序排列。[44]

看起来,伦敦雾曾经有过的这些带有生动颜色的雾已经几乎消失了。有些人争辩说,1952 年的雾是黄色的,但黄色的浓雾(这个名字来源于雾的浓厚和颜色)实际上是过去的东西。[45]

很难彻底弄清这些颜色的来源,但在我的脑海中出现了几种可能。可以想象得到的是,烟气在大气中的细小微粒可以以某种方式从雾层以上的日光中吸收蓝色波长的辐射,结果让地表层次的雾受到黄色光的照射。这种效应很早以前在伦敦大火期间就有人注意到了,当时空气中的烟气让日轮发红。当人们检查维多利亚时代的著作时,有人偏爱这种解释,但这种解释却无法用以说明雾在夜间的黄色。不过在夜间,雾的黄颜色或许是被煤气灯和店铺窗户上的闪光染黄的。

也有可能,雾的颜色是在雾滴中存在的焦油化合物造成的结果。人们不知道从家居火炉中低温燃烧的煤中产生的哪一种焦油化合物可以让雾带有奇怪的黄颜色,但在 1891 年的大雾之后,W. 西塞尔顿 - 戴尔(W. Thiselton-Dyer)爵士发现,有焦油沉淀在英国皇家植物园所在地裘园(Kew)的暖房上,沉积量为每平方英

126

里 6 吨。[46]夏洛克·福尔摩斯的故事《布鲁斯·帕丁顿计划探案》告诉我们,1895 年 11 月伦敦曾下过一场大雾。大雾的第四天,华生通过他的中介人和文学执行人柯南·道尔写道:“我们看到了那个油腻、沉重的褐色漩涡,它还在漂移中穿过我们,并在窗玻璃上凝结成油滴。”[47]这让我们想到,这种液滴或许真的含有带颜色的物质。根据《空气污染咨询委员会报告》(*Report of the Advisory Committee on Air Pollution*),在 1924 年 12 月 9 - 12 日的雾之后,道路上覆盖着看上去像油一样的薄膜;一份稍后不久的报告又稍微多给出了一些细节。当时,与这些报告有关的人员能够在显微镜下检查一些雾滴,并发现其中有一些确实是黄色的油性物质。[48]

在文学作品中,雾的强度的变化也和在电力公司记录的变化一样迅速。我们可以读到这样的段落:

> 颜色从死气沉沉的病态黄色变成了灰色,没有多久之后,街道似乎被 4 月的黎明曙光照亮了;然后,越过珍珠一样的浅色,一缕日光射入,以突然的蛋白色光芒照亮了它们。接着,来自对面房屋的烟气缓缓地上升,就像一个疲倦的人在朝上爬楼梯。它被一阵微风吹走,两分钟后整个街道被一片像报春花那样淡黄颜色的日光照得通亮。[49]

在更为冷静的文学作品中,关注点经常是忧郁造成的心理影响和在雾季里这种忧郁投射在伦敦上的那种不祥之兆的感觉。当外交官费力普·冯·诺依曼(Philipp von Neuman)于 1822 年到达伦敦的时候,他在自己为新年写下的日记中写道:“在这里的一切都是空虚的;雾和烟气模糊了大气;一种令人伤心的悲哀气息笼罩着每一件东西,而巴黎的一切都是那么欢快、活力十足。”[50]

雾在小说中的角色

无疑,雾在市区的风景线上加上了一道神秘的感觉,并为犯罪分子的行动提供了方便的掩护,因此我们可以理解,为什么雾会变成了侦探小说和神秘故事中的一个基本元素。

在维多利亚时代的小说中,雾夜是作为预感的凶兆和阴郁的方面出现的。例如,人们可以在《荒凉山庄》(*Bleak House*)[51]和《小公主》(*A Little Princess*)[52]的开头发现雾的存在。在这里,我们可以很容易地看出,雾是作为对于前途的不确定的一种比喻出现的。在《荒凉山庄》中,当艾斯特来到伦敦,并认为所有的烟气都是由一场火引起的时候,作者又一次引入了烟气和雾的存在。她没有意识到,“伦敦的特色”是永远都会在场的。“陷入五里雾中”(也就是被弄糊涂了)这种说法是在维多利亚的著作中流传甚广的一种大家接受的比喻。[53]作为对于不确定状态的比喻,雾的一种推广了的用法出现在 E. F. 本森的《月份之书》(*The Book of Months*)中,该书的开篇是这样的:

127

> 一月:浓重的黄雾(它带来的后果,是穿衣服和吃早饭都需要电灯)是这一年第一天的主旋律。对于任何一个以正常心理注视着这一事实的人来说,从来没有一年的开始像今天这样富有特色。带着它应该是直接写在脸上的那种清晰无误的

不可思议，稠密厚重的含义从来没有被如此典型地诠释得淋漓尽致。我们盲目地摸索着未来的门槛，但却有时在这里碰触着门铃的把手，有时在那里碰触着一个门环，然而我们面前竖立着的门却依然紧闭。[54]

尽管伦敦雾有着邪恶的性质，但却并非每个人都反对它。[55]我们已经讨论过有关查尔斯·狄更斯和查尔斯·拉姆对于伦敦的空气污染的态度；在那里，我们已经指出了他们对于污染的反应存在着的模糊之处。似乎许多人喜欢雾的那种不停地变幻着的华丽景象。其他人则发现，它能为伦敦的景色与建筑物平添一缕神秘与迷人的感觉。M. H. 德兹维克（M. H. Dziewicki）甚至写了一篇题为《赞美伦敦之雾》的散文。[56]

雾或许也可以是19世纪末出现在文学与艺术的末日天启（apocalyptic）情绪中的一个元素。[57]我们今天想象中的末日天启情绪是全球性的毁灭，但在维多利亚时期的例子有时是相当局限的地区毁灭，甚至只是城镇的毁灭。理查德·杰弗里斯（Richard Jefferies）的小说《伦敦之后》（*After London*，1885）和罗伯特·巴尔（Robert Barr）的短篇小说《伦敦的末日》（*The Doom of London*，1892）说到了伦敦的毁灭。[58]维多利亚时期的伦敦诗人经常以伦敦的毁灭作为创作题材，[59]其中一些诗篇的标题，如《伦敦的末日：幻想篇》（*The Doom of the City*：*A Fantasia*），向读者传达了这一想法。

为什么一些维多利亚时期的作家会对伦敦的前途抱有这种末日天启的毁灭看法呢？诚然，许多人对于城市抱有强烈的厌恶，但同样真实的是，他们也受到了他们目睹的19世纪伦敦的污染和气候变化的影响。从理查德·杰弗里斯的笔记本中记载的内容中可以看出,他把伦敦视为疾病缠身之地,并在一则或许写在1875年以前的题为《大雪》的短篇中让它毁灭于一场庞大的雪暴。我们在夏洛克·福尔摩斯故事中得到了特别严酷的冬天的印象,这与伦敦雪暴的幻想相符合。当《伦敦之后》中的主角菲利克斯凭吊废墟时,他只不过勉强逃脱了被悬浮在这座都市的尸体上空的有毒空气毒杀的命运。

在一篇短篇小说中,能把空气污染与伦敦的毁灭切中要害地联系在一起的最为中肯的例子,非巴尔的《伦敦的末日》莫属。人们今天记得巴尔更多的是因为他的小说与侦探故事,写了一个糟糕的雾系列小说之后,《伦敦的末日》却让人们看到了一幅令人毛骨悚然的宿命式画面。巴尔的这个故事让污染和伦敦的毁灭之间产生了更为直接的联系。伦敦几乎全部人口都在笼罩着这一都市的一场大雾中窒息而死。巴尔承认,他有关未来的图景的灵感来自经常发生的伦敦雾。在伦敦出现了几场格外浓厚的大雾之后,他于1904年在《懒人》(*Idler*)杂志上发表了这篇短篇小说。

《伦敦的末日》的场景设置在未来,或许在1940年前后。它借一位了解19世纪90年代的伦敦的老人的笔写下了这个故事。老人深沉地回忆了所有伦敦雾中最具灾难性的那一次。他先描述了维多利亚早期的11月是何等美好,但在一个星期五,一场大雾不期而至。按照伦敦的标准来说,这次的雾算不得特别厉害,但它却持续不散,而且,随着人们不断向空中送入大量的煤烟,它一天比一天变得更为浓密。空气格外沉静不动。与每次出现大雾时的情形一样,人们的死亡率增加了,但在第六天以前,这种增

128

加与平常并没有什么两样。到了大雾的第七天早上,报纸上满是令人触目惊心的统计数字,但人们并没有认识到它们蕴涵着的重要意义。到处都开始有人死亡,但故事的叙述者足够幸运,因为他有一套呼吸器。氧气被用光了,于是煤气灯熄灭了,只剩下了电灯。在坎农街,他"偶然碰到了一辆像幽灵一样停在雾中的公车,拉车的马匹死在车前,马身上的缰绳还悬挂在死去的车夫神经质的手上。如同鬼魂一样的乘客也同样一言不发地笔直僵坐,或者以可怕的古怪姿势悬挂在公车边缘的护板上"。

他总算登上了一辆失去控制的火车开始了他的出逃之路。火车离开了坎农火车站,沿着地下隧道行进,幸运的是,隧道里还保留了一些新鲜空气,那是从乡村带进来的。火车里挤满了人,但只有两个人活了下来。在他逃出伦敦后不久,一阵西风带走了空气中的雾气,人们从坎农火车站站台上可怕的死人堆里救出了另外 167 个人。总的说来,伦敦人中活下来的很少。在这个故事中,当回顾伦敦的毁灭的时候,许多 20 世纪 40 年代的学术人士将其视为一个纯粹的祝福。跟庞贝的毁灭一样,伦敦的毁灭被人视为罪孽与金钱搜刮的末日。

罗伯特·巴尔认为,停滞不动的空气中所有的氧气都会被抽干,连一个分子也不会留下。我们知道这种事情是不可能发生的,因为燃烧和呼吸过程将在所有的氧气被用完之前便停止。至少对于人类的生命来说,更重要的是,有毒气体和微粒性物质对于生命的屠戮要比窒息快得多。尽管这个故事从文学和科学的角度上说都有缺陷,但还是很吸引人,因为 19 世纪的人们心中有伦敦的末日即将到来的感觉,而这个故事描述了这种感觉的一些特征。

柯南·道尔也尝试写了一篇末日天启类文章,标题是《有毒带》(*The Poison Belt*)。[60]在这篇短篇小说中,当地球穿过一个充斥着麻醉气体的空间带的时候,地球上的人类生命几乎走上了灭绝之路。在M.P.希尔(M.P.Shiel)的《紫色云》(*The Purple Cloud*)中,这一题材的末日天启发展到了完整形式。[61]在这篇小说中,地球上除了故事叙述者之外的一切动物族群都被火山爆发散发的氰化物一扫而空。以一种与《伦敦之后》和《伦敦的末日》颇为类似的方式,作者也把这本书的场景设置在未来。这本书没有让情节与污染发生直接关联,但故事中到处点缀着对于最近人们观察研究过的地球物理事件的描述。人们曾于19世纪80年代印尼克拉克托(Krakatoa)火山爆发后在英格兰地区看到了绚丽的夕阳,

129 这一点或许在书中描写得十分清楚:绚丽的夕阳出现在火山爆发之后,正是这次火山爆发令导致动物灭绝的氰化物气体散发到了全球。该书的后续情节是地球上的唯一幸存者所进行的焚烧城市运动,在这一运动中被摧毁的城市包括伦敦、巴黎、加尔各答、伊斯坦布尔、旧金山等。对于城市和城市代表的罪恶和疾病的摧毁,是许多这类末日天启作品的重要特点。这些作者表现出了对于他们在作品中摧毁的城市的极大厌恶。

对于艺术的冲击

也可以在19世纪的一些艺术作品中找到对于这种末日天启观点的表达。庞大的古典城市遭到毁灭的景象是人们偏爱的一

个题材。在这些景象中,以伦敦为主题的最富想象力的景象是古斯塔夫·多雷(Gustave Doré)的雕刻《新西兰人》(*The New Zealander*)。这幅雕刻的场景设置在未来,“当时一位来自新西兰的旅行者在百无聊赖当中站立在破损的伦敦桥拱门上,草草画下了圣保罗大教堂的废墟”。[62]

然而,有些维多利亚时代的人担心,雾会对这个国家的艺术发生负面效果。雾不仅仅能够以物质方式破坏油画、雕塑、皮质家具和书籍的装订,而且它们还能够妨碍艺术家的创作。在他们创造的艺术品中,阳光以及阳光所带来的蓝天和轮廓分明的阴影变少了,人们甚至时常说,艺术家们连他们借以创作的物体都看不到了。[63]情况确实如此。在19世纪的油画中,表现蓝天的作品变得不那么经常出现了。在中世纪油画中,蓝天的统治地位或许是由于艺术家们的图像表现方式,蓝天在其中只不过是作为蓝色的背景出现的。后来,这或许反映了一种南方的影响,导致意大利蓝天的出现频率高居不下。在18世纪,诸如庚斯博罗(Gainsborough)一类画家认为,自然的真实图像在创造中是不可接受的。他们认为,创造的主题必须来自画家的头脑。然而,曾经只不过是低级的随意之作的风景画逐渐变得更为人们所接受了,而且画家们也开始质询地中海式投光法(Mediterranean light)与英格兰风景画之间会有什么关系。康斯特布尔(Constable)受到天空占主体的水平状东盎格鲁风景画的深刻影响,他对英格兰的天空进行了仔细的研究,并开创了一个要求更多的现实主义的新时代。[65]这时,蓝天在画作中的出现频率开始降低了,这当然就没有什么可以诧异的了。与空气污染存在更大关系的,是雾中的城市在黄色的冬天里出现的频率增加了；在这里，艺术家们或许对于城市气候的改变十分敏感。有些人因为过多的蓝色色调而感到有些不知所措。意大利爱国者朱塞佩·马志尼（Giuseppe Mazzini，1805—1872）在回到意大利的时候说，他对于地中海天空中永恒的蓝色感到厌倦，想要看到一点伦敦雾。

图6.9　多雷的末日天启景象：通过未来的新西兰人草绘的伦敦废墟

130　声称油画受到了厚重大气妨碍的19世纪作家未能理解艺术正在发生的重大变革。在特纳（Turner）和惠斯勒（Whistler）的影响下,油画发生了很大的变化,以至于绝对的清晰已经不再具有根本性的意义了。伟大的艺术家们正在透过被污染的城市环境观察着新的机遇。特纳显然对水汽和雾着迷,那些印象派画家的着迷程度也不亚于他。莫奈(Monet)在他绘画生涯的早期访问了英国首都,而且看来,那里的雾完全没有让他感到困扰:现在挂在国家画廊内那幅《威斯敏斯特下游的泰晤士河》(*The Thames below Westminster*)就是一个很好的例子。对艺术感兴趣的气象学家注意到,欧洲油画的能见度在逐渐降低。莫奈有意选择在冬天前往伦敦,以便创作他的泰晤士河系列作品。[66] 例如毕沙罗(Pissarro)等其他印象派画家把"雾"这个词放进了他们的油画的标题中。雾和空气污染并没有扼杀艺术的发展。曾于20世纪30年代活跃于伦敦的中国艺术家蒋彝(Chiang Yee)将雾写在他题为《伦敦画记》(*The Silent Traveller in London*)的书中,而且发现雾是对他具有东方风格创作视野的一种启发与帮助。[67]

131

注 释

1. *Chambers Journal*, 19 (1853), 245 - 8;亦见于 Whytehead, W. K. (1851) *The City Smoke Prevention Acts*, London; Williams, C. W. (1856) *Prize Essay*, Weale, London。
2. Smith, R. A. (1872) *Air and Rain*, London.
3. *Gentleman's Magazine*:见凯里的每月气候表,以及后来古尔德的每月气候表。
4. Shirley, J. W. (ed.) (1974) *Thomas Harriot*, Oxford University Press.
5. Gadbury, J. (1691) *Nauticum Astrologicum*, London.

6. Bentham, J. R. 见 Robson-Scott, W. D. (1953) *German Travellers in England*, Basil Blackwell, Oxford.
7. 在 Brodie 的论文于 1891 年在皇家气象学会的报告之后进行的讨论中，人们曾提及了这一不成功的搜寻；*Quart. J. Roy. Met. Soc.* 18 (1892), 44。
8. Mossman, R. C. (1897) 'The non-instrumental meteorology of London 1713 – 1896', *Quart. J. Roy. Met. Soc.*, 23, 287 – 98.
9. Brodie, F. J. (1892) 'The prevalence of fog in London during the twenty years 1871 – 1890', *Quart. J. Roy. Met. Soc.* 18, 40 – 5.
10. 虽然 19 世纪有许多有关雾的参考文献，但以下著作特别有意义：Howard, E. (1893) *The Eliot Papers No.* 1, John Bellows, Glasgow。Howard（与 Luke Howard 有亲戚关系）确信，自从 18 世纪以来，雾天的频率确有增加。与此类似，Beale, S. S. (1908) *Recollections of a Spinster Aunt*, Heinemann, London。Hartwig, G. 在他的著作（1877）*The Aerial World*, Longman, Green, London. 中声称，雾有着众所周知的知名度。
11. Bernstein, H. T. (1975) 'The mysterious disappearance of Edwardian London fog', *The London Journal*, 1, 189 – 206.
12. Brodie, F. J. (1905) 'Decrease in London fog in recent years', *Quart. J. Roy. Met. Soc.*, 31, 15 – 28.
13. Lamb, H. H. (1977) *Climate: Present, Past and Future*, Methuen, London。本书对于小冰河时期有诸多讨论。

132

14. Evelyn, J. (1661) *Fumifugium*.
15. "臭气"确定无疑地与烟气相关，但我们可以从 18 世纪的许多来源知道爱丁堡香气四溢的本质；见 Hill, G. H.（编）1733 年 8 月 12 日的条目，以及 Powell, E. F.（修订）(1950) *Boswell's Life of Johnson*, vol. V, *The Tour of the Hebrides*, Clarendon Press. Oxford。
16. Howard, L. (1833) *The Climate of London*, London.
17. *Chambers Journal* (1854), 106. 这一估计与以前各世纪的许多有关痕量成分浓度的估计一样，都远远超过了实际水平。如果我们假定，在 Rumford 的时代（约 1800 年）伦敦的大小是一个 5 千米乘 5 千米的正方形，其中大气混合层的厚度为 150 米，则 100 吨悬浮物将造成超过 25000 $\mu g\ m^{-3}$ 的烟气平均浓度。W. J. Russell 在 19 世纪 80 年代的测量结果分别为 124 $\mu g\ m^{-3}$、324 $\mu g\ m^{-3}$ 和 862 $\mu g\ m^{-3}$，其中最后一个是在雾中进行的测量。Russell 的测量看上去是合理的。J. S. Owens 对于早期监控网络的建立作出了如此之多的贡献；然而，如果我们注意到，甚至连 J. S. Owens 这样的人物有时也不免夸张，这是很有意思的。他说过，在伦敦的空气中有 200 – 250 吨烟尘（*J. Roy. Soc. Arts*，73[1925]，434 – 53），这将意味着远比他的测量结果高得多的浓度。

18. Russell, R. (1889) *Smoke in Relation to Fogs in London*, National Smoke Abatement Institute, London; Galton, D. (1880) *Preventible Causes of Impurity in London Air*, Sanitary Inst. of Great Britain; Russell, R. (1880) *London Fogs*, E. Stanford, London.
19. Ashby, E. 与 Anderson, M. (1977) 'Studies in the politics of environmental protection: the roots of the Clean Air Act, 1956: II. The appeal to public opinion over domestic smoke, 1880 – 1892', *Interdisciplinary Science Reviews*, 2, 9 – 26。这是对整个时期人们所进行的努力的完整指南。
20. *The Times*, 18 July 1883.
21. Pülker-Musmau, Prince, (1826 – 8) *A Regency Visitor*.
22. Allen, W. (1971) *Transatlantic Crossing*, Heinemann, London.
23. 经典的 11 月伦敦雾当然也出现在 Sherlock Holmes 的故事里面，但我们在其他的著作中找到了更重要的情况。例如，Perkins, C. L. (1894) 'The Redhill Sisterhood'，见 *The Experience of Loveday Brooke, Lady Detective*, Hutchinson, London。该书的开篇是："这是一个沉闷的 11 月早晨；林奇法厅办公室内的每一盏煤气灯都点亮了，外面一幅黄色的雾幕垂吊在办公室的窗户上。"而且我们可以发现，这种说法在文学作品中的使用一直延续到今天。例如，Plath, S. (1965) *Ariel*, Faber & Faber, London，其中在 20 世纪 60 年代早期的雾期写下的诗歌 Letter in November 中就含有这样的短语："在灰色浓郁的死亡之汤中。"
24. Marryat, Capt. F. (1832) *Newton Forster; or the Merchant Service*. London.
25. Massingham, H. and Massingham, P. (1950) *The London Anthology*, Phoenix House, London.
26. Chandler, T. J. (1965) *The Climate of London*, Hutchinson, London.
27. Chancellor, E. B. (1928) *The Diary of Philipp von Newman*, Philip Allen，日记条目 1822 年 1 月 1 日；以及 Luard, C. G. (1926) *The Journal of Clarissa Trant*, Bodley Head, London，181 年晚期条目。这两处的条目形成了伦敦冬天的阴沉与欧洲大陆城市冬天的明亮之间的对照。
28. *The Advisory Committee on Atmospheric Pollution*, 10th Report (1925).

29. Clarke, J. B. (1901) 'Day darkness', *Met. Mag.*, 36, 194.

133 30. *The Advisory Committee on Atmospheric Pollution*, 10th Report (1925), 32。

31. Helliwell, N. C. 与 Blackwell, M. J. (1955) 'Daytime darkness over London, Jan. 16 1955', *Met. Mag.*, 84, 342。

32. Clark, A. (1892) *The Life and Times of Anthony à Wood, Antiquary of Oxford*, 1632 – 1695, Oxford Historical Society, vol. II, 121, 见1677年11月11日条目。

33. Evelyn, J., *Diary*, 25 November 1699.

34. Hartwig, G. (1879) *The Aerial World*, Longman, Green, London, 亦见于Chiang Yee, (1938) *The Silent Traveller in London*, Country Life Books, London。这本书中包含着更为深情的描述。

35. Bach, W. (1972) *Atmospheric Pollution*, McGraw-Hill, New York; Ball, D. J. 与 Hume, R. (1977) 'Vehicular and domestic emissions of dark smoke', *Atmospheric Environment*, 11, 1065 – 73; Ball, D. J. 与 Schwar, M. J. R. (1983) *Thirty Years On*, GLC, London; Burgess, S. G. 与 Shaddick, C. W. (1959) 'Bronchitis and air pollution', *J. Roy. Soc. Health*, 79, 10 – 24; Gore, A. T. 与 Shaddick, C. W. (1958). 'Atmospheric pollution and mortality in the county of London', *J. Brit. Preventive Medicine Soc.*, 12, 104 – 13; Heinmann, H. (1961) 'Effects of air pollution on human health', *Air Pollution*, WMO, Geneva; Logan, W. P. D. (1949) 'Fog and mortality', *The Lancet*, 78; Logan W. P. D. (1953) 'Mortality in the London fog incident, 1952', *The Lancet*, 336 – 8; Read, B. (1970) *Healthy Cities: A Study of Urban Hygiene*, Blackie, Glasgow; Russell, W. T. (1924) *The Lancet*, 335 – 9; Russell, W. T. (1926) 'The relative influence of fog and low temperature on mortality from respiratory disease', *The Lancet*, 1128 – 30; Scott, J. A. (1963) 'The London fog of December 1962', *The Medical Officer*, 109, 250 – 2; Warren Spring Laboratories (1967) *Atmospheric Pollution 1958 – 1966*, 32nd Report, HMSO.

36. Hartwig, G. (1877) *The Aerial World*, Longman, Green, London; Meetham, A. R. (1964) *Atmospheric Pollution*, Pergamon Press, Oxford, 231; 本书认为，人们不经常清扫绵羊圈和猪圈，因此圈中通过发酵的尿和粪便发出的氨气中和了酸雾滴的作用。

37. 见 Hall, R. L. (1979) *Exit Sherlock Holmes* 一书的封面，Sphere Books, London。

38. 尽管现代读者更有可能注意到 Sherlock Holmes 故事中的雾,但在这些故事中也有发生率高得惊人的风暴和严酷的冬天。Thesing, W. B. (1982) *The London Muse*, University of Georgia Press, Athens, GA。本书注意到了在 Laurence Binyon 1896 年和 1899 年的 *London Visions* 的诗歌中把"自然干扰如风暴与雾作为主题的使用"。
39. 除了 *Sign of Four*,Perkins 也在他的著作中指出了这样的情况:Perkins, C. L. (1894) 'The Redhill Sisterhood',见 *The Experiences of Loveday Brooke, Lady Detective*, Hutchinson, London。但或许最决定性的证据来自 Ponsonby 的每日记录:Ponsonby, A., 'Meteorological Register 1884 – 93'(其手稿保存在我的个人收藏中)。这份文件记录的伦敦雾天的频率是在阿斯科特中记录的三倍。
40. Forster, T., 'Meteorological Journal kept at Clapton in Hackney'(见 1811 年的 *The Gentleman's Magazine*)。
41. Howard, L. (1833) *The Climate of London*, London.
42. 在 Dodsley 的著作中有一段引文:"没有水汽的阴沉雾气把天空染成了褐色。"见 Dodsley, R. (1782) *A Collection of Poems*, VI, London,但这在这段时期内不是典型的。鲜艳的黄色雾直到 19 世纪 40 年代才变得经常出现。例如,可见于 Taylor, B. (1846) *Views Afoot*, London。 *134*
43. Beale, S. S. (1908) *Recollections of a Spinster Aunt*, Heinemann, London.
44. Benson, E. F. (1905) *Image in the Sand*, Heinemann, London. 这看上去似乎是相当不加修饰的写作,但从更有节制的作者笔下也可以看到对于壮观的雾的类似描述,例如在 Stevenson, R. L. 1886 年的作品 *Dr. Jeckyll and Mr. Hyde*。
45. Bonacina, L. C. W. (1950) 'London fogs-then and now', *Weather*, 5, 91;亦见于 *Weather*, 15(1960), 127。
46. Shaw, Sir N., 'The treatment of smoke: a sanitary parallel', *Nature*, 66, 667 – 70.
47. 也值得记住在 T. S. Eliot 的 *The Love Song of J. Alfred Prufrock* 中令人吃惊的图像:"摩擦着它的后背的黄色雾攀上了窗玻璃。"
48. *Advisory Committee Report on Atmospheric Pollution*, 9th Report, 46 – 59,而且有关焦油出现在雾滴中的说法也可见于 Lewes, V. B. (1910) 'Smoke and its prevention', *Nature*, 85, 290 – 5;Walter Scott(1892)认为,含碳的化合物和焦油化合物让雾变成黄色而且肮脏。

49. Benson, E. F. (1905) *Image in the Sand*, Heinemann, London.
50. Chancellor, E. B. (1928) *The Diary of Philipp von Neuman*, Philip Allen, London.
51. Dickens, C. (1852—1853) *Bleak House*, Bradbury & Evans, London, published in parts.
52. Burnett, F. E. H. (1905) *A Little Princess*, Warne, London.
53. Chiang Yee (1938) *The Silent Traveller in London*, Country Life Books, London。从道德上说,他是维多利亚时代的人,尽管他没有生存在那个时代。
54. Benson, E. F. (1903) *The Book of Months*, Heinemann, London.
55. Duncan, S. J. (1891) *An American Girl in London*, Chatto & Windus, London;Cook, E. T. (1903) *Highways and Byways in London*, Macmillan, London。有人认为,"烟气毁坏了所有其他东西,但它掩盖了伦敦的丑陋,从而以这种方式美化了它";见 Ewart, W. (1902) 'Report on the counties of London and Middlesex',见 *Report of a Committee of the Royal Medical and Chirurgical Society of London*, Macmillan, London。
56. Dziewicki, M. H. (1902) 'In praise of London fog',见 Singleton, E. (ed.), *London-as Seen and Described by Famous Writers*, Dodd Mead, New York.
57. Kerinode, F. (1967) *The Sense of an Ending: Studies in the Theory of Fiction*, Oxford University Press.
58. Richard Jefferies (1885) *After London*, London;Robert Barr (1892) 'The Doom of London',见 *The Idler*,397 - 409。后面一个故事稍晚一些重印于 *The Idler*,26(1904),540,另有一次现代的再版,见 Lodge, J. P. (ed.) (1970) *The Smoake of London: Two Prophecies*, Maxwell Reprint Co.。此外,还有这一维多利亚时期的地区性末日天启作品的现代对应物。J. G. Ballar 的末日天启小说兼具全球毁灭和更受限制的天气方式这两大特点。
59. 例如 Noel, R. (1872) 'The Red Flag'。这首诗歌受到巴黎公社的影响;其结尾写的是这个城市在毁灭时出现的灾难性图景。另一首诗写出了在这座城市内的污染的绝妙图景。就像在维多利亚时期的文学中经常看到的那样,作者把这一图景与巴比伦相比,见 Noel, R. (1872) *A Lay of Civilisation or London*。
60. Doyle, A. C. (1913) *The Poison Belt*, Hodder & Stoughton, London。*Le Temps* 的 M. Paul Souday 相当不公正地声称,这个故事是从 Rosny 的 *La Force mystérieuse* 那里抄袭而来的,后者描述了因光的性质发生了改变而

135

造成的毁灭。

61. Shiel, M. P. (1901) *The Purple Cloud*, Chatto & Windus, London。Hunter, J. 在他 1982 年的著作 *Edwardian Fiction* (Harvard University Press, Cambridge, MA)中认为,Shiel 是一个“喜欢大胆地幻想的爱德华时代传奇小说作家”,但尽管如此,他由格兰兹出版社出版的小说系列还是在 1929 年突然中止。
62. Macaulay, Lord T. B. (1840) ‘Review of Leopold Von Ranke's “The Ecclesiastical and Political History of the Popes of Rome in the Sixteenth and Seventeenth Centuries”, translated by Sarah Austin’, *Edinburgh Review*, (Oct.), 62. 这里引用的文字无疑对这件雕塑作品有所启示。
63. Russell, R. (1889) *Smoke in Relation to Fogs in London*, National Smoke AbatementInstitute,Russell 在其中注意到了因烟气—雾而造成的艺术家们在花费和时间上的损失。
64. Neuberger, H. 在 (1970) ‘Climate in art’, *Weather*,25,46 中、J. S. Owens 在(1925) *J. Roy. Soc. Arts*,73,450 中都提出,烟气的光晕或许能够增加气氛。
65. 以油画与气候为题材的一次杰出展览“The Cloud Watchers”于 1975 年在考文垂的赫伯特艺术画廊与博物馆展出,使用了同一标题的展品目录是对这一题材很有价值的说明。
66. Seiberling, G. (1981) *Monet's Series*, Gardland Publishing, New York and London.
67. Chiang Yee (1938) *The Silent Traveller in London*, Country Life Books, London.

7

136

监控大气组成的变化

正如我们在前面各章中所强调的那样,在维多利亚时代的伦敦不存在对于空气污染的监控网络。大气污染的趋势只能通过有关的现象如雾的出现频率加以猜测。在这种情况下,对这些趋势的解释看来将与观察者希望证明什么有很大的相关性。因此,在19世纪晚期,空气质量的理念还继续以感官为基础,这与伊夫林那个时代的情况大同小异。其结果就是,除了在观察中出现的偏差之外,人们的注意力集中在了诸如烟气之类更易感受得到的污染源身上。作为在烧煤的城市里最有破坏力的成分之一,二氧化硫往往被人忽略。

这就意味着,维多利亚时代伦敦对付空气污染时采取的措施不仅仅是错误地确定了污染源,即把注意力集中在几个大工厂身上而没有着眼整个城市;这也意味着,通过把自己所有的注意力都集中在看得到的烟气身上而忘记了看不到的二氧化硫,[1]他们几乎也错误地确定了污染物。但我们必须以同情的目光看待他们的问题。他们在努力施压促进烟气减排方面遭遇的困难已经够多的了。很容易就可以想象到,他们认为,他们很难在降低看不到的物质的排放量方面得到什么成功；而且，就任何实用的目的而言，这些看不到的物质，也是在维多利亚时代的伦敦空气中无法检验的污染物。即使雾与烟气委员让每个伦敦家庭都拥有一台无烟火炉的尝试得到了成功，这对改变二氧化硫的排放量也不会有多大的帮助，因为这种污染气体即使在费尽心机燃烧烟气的情况下也照样会被排放。

幸运的是，在那些看不见的污染物造成了灾难性效果的个案中，针对它们所进行的立法已经取得了一些进展。化学品向大气中的排放问题一直让一些人们感到关切；但不知出于何种原因，这些人却没有与那些为烟气减排而战的人守望相助，共同作战。到了 19 世纪中叶，在圣海伦斯（St. Helens）、纽卡素尔和格拉斯哥（Glasgow）周围都有大片乡村土地被摧毁。据当时的描述说，这些土地就好像被致命的枯萎病扫过一般，一直到它们变得像死海岸边的那些不毛之地一般无二。这一问题的产生是制碱工厂排出的盐酸。一个以德比勋爵为主席的专责委员会在整个 1862 年夏天投入了职责，试图找出可以减轻这一事件所造成的损失的方法。[2]这些制碱工厂关心的是生产芒硝（化学成分为硫酸钠），这是在玻璃生产和碳酸钠和氢氧化钠等碱性物质的生产中十分需要的物质。他们使用的方法是由勒布朗（Leblanc）开发的，基于普通的食盐与硫酸之间的反应，其化学反应方程式如下：

$$2NaCl + H_2SO_4 \longrightarrow 2HCl + Na_2SO_4$$

在这一工业初创的时候，人们对于从中作为副产品生成的盐酸没有什么兴趣，因此便将之排放，任由它进入空气之中。当这一工业继续发展的时候，其中排放的废气的数量变得非常庞大，

137

它们造成的环境破坏也同样如此。

解决这一问题的方法很简单。人们只需要把生产过程中产生的浓烟加以清洗,其中的酸汽便可以溶解在水中。这一过程需要的花费非常之少,其实有些生产厂家已经采用了,因为这可以改善它们在邻居中的形象;但在当时,却不存在能让厂家正常维修这些设备的奖惩制度。由于这些生产厂家本来就有这样一种简单而又有效的控制技术可以使用,德比勋爵的专责委员会其实可以考虑一项立法。由政府出面干涉工业过程,这是一种极端的理念,许多人觉得这种行动会对国家的繁荣产生破坏性效果。这些制碱工厂的年产量价值大约为 250 万英镑,它们雇用了 190 万人,年工资总额为 87 万英镑。1862 年 8 月,专责委员会向议会报告了他们的发现,次年碱业议案成为法律。

这一议案在议会的迅速通过与“减轻烟气妨害(都市)议案”遭遇的麻烦形成了鲜明的对照。业已证明,这一法案并不存在很大的争议,其原因部分在于制碱生产厂家承认,该工业确实是造成客观环境损害的原因,并且已经厌倦了成为诸多投诉的对象这一角色。在“碱业法案”通过之前,他们已经被控妨害罪而深陷于法律诉讼案件中,这些案件十分艰难,令人身心俱疲。他们拒绝控制排放的原因仅仅是出于同业竞争的效率。一直到今天,这一点依然是工业排放控制的一个关键问题。如果一家工厂被迫控制自己的排放,那么它的花销就会因此而增加,这就让它在与没有采取控制措施的类似工厂的竞争中处于劣势,因为它的生产效率比较低。因此,只有当存在着一项强制所有制造厂家都控制排放的法律存在的时候,对所有人一致的同等条件才能达成。这一

138

法案能够波澜不惊地在议会通过的另一个原因，是后来的修正案取消了拟议中的碱业检查员的决断权，而是让反对生产厂家的行动必须通过郡法庭裁决。

正像阿什比勋爵在第四次 W. E. S. 特纳纪念演讲中所说的那样，碱业立法具有三个特点：

（1）它向社会标准提出了挑战，认为植被与其他令人类身心愉快的事物受到损害并不是工业发展必不可少的代价；

（2）它只限制了盐酸的排放，对此已有控制技术；

（3）它只要求降低排放量 95%，而不是完全禁除，以此控制了妨害。

达不到立法的要求几乎是不可能的。正是采取这样通情达理甚至可以说是放纵的态度，因此人们才让这一法律得以实施。然而，我们必须指出，有些人正是把这一刻视为英国环保立法弱势的开始。的确，人们似乎不希望违法者在肇事之后可以如此轻易地逃脱，但环境立法所关注的并不是增加诉讼的数量：这并不能改进环境质量；而改进环境质量才是“碱业法案”的目的。这些法案的一个重要特点，是检查机构是附属于中央政府的，而不是附属于地方政府的。这就意味着，在整个国家中，所有地区都将执行一致的标准，而且担任检查官的人选并不来自当地政府机构，来自这些机构的人员有遭受地方实业家压力之虞。

法案并没有定义需要在排放控制中应用的技术。里昂·普莱费尔爵士感到，在这里，任何确定的计划都将“让发明止步”。使用令人满意的过程来去除盐酸的工作交由生产厂家负责。最简单的安排是让排出的气体通过装着水的大瓶子。这样形成的盐酸并不很强。价值更高的浓盐酸可以通过让氯化氢通过装满焦炭或者特别制造的薄板的高塔提取。那些薄板的作用是增加接触面积。[3]水在这些表面上潺潺流过,吸收气体。

安古斯·史密斯

全国第一位碱业检查官是安古斯·史密斯。与他的许多继任者一样,为了取得制造厂家的合作,他试图采取不那么僵硬的态度。这种今天常被人称为"非纯净的手段"让来自制碱厂的盐酸减排取得了显著的进展。尽管有人批评史密斯"态度过于软化",但他是一个极为机敏的人;在给他的特别委任状中限定了一狭窄的工作内容,即降低来自制碱工厂的盐酸排放量至原有排放量的5%,而他的眼界实际上远远超过了这一框架。他认为,一切有害烟雾都是公众担心的问题。另外的一个问题是,无论降低后的盐酸排放量会造成多少损害,只要制造厂家将盐酸的逃逸量降低了原有量的95%,他们便履行了加诸其身的法律义务。因此,"碱业法案"实际上允许工厂继续污染环境。正是这一早期的教训,解释了为什么后来人们对于设立法律准许水平很不情愿;这种情况在后来的英国环境立法中是非常典型的。

139

尽管这些法案成功地将盐酸排放量降低了95%以上(实际上几乎达到了99%),但当地的环境质量并没有取得如人们希望发生的那种引人注目的改观。据观察,在原来山楂不容易生长的地方,人们还是无法栽培玫瑰。还存在着其他的污染物。第一位碱业检查官经常看到在制碱工厂中排放的大量硫酸。在有些情况下,这种污染物造成的损害比在法案中特别规定的盐酸造成的还要大,但人们无法采取任何行动来压制这些排放。法律需要很大的灵活性,这一点是不言而喻的。史密斯的继任者认为,应该要求生产厂家采取"最佳实用手段"来减低污染物排放,因为这"将证明是一道弹性紧箍咒,即每当化学科学取得进步而让生产厂家可以得到更好的设备时,这道紧箍咒就会进一步加强"。[4]

图 7.1 安古斯·史密斯,第一位碱业检查官

在原有的"碱业法案"得到任何修改之前,史密斯积极进行了一些范围广泛的研究项目,他在 1872 年出版的著作《空气和雨》(*Air and Rain*)就是这些研究的顶峰;这本书中包含了英格兰第一个空气污染监控网络的结果。[5]在研究中的气体分析只局限于氧气和二氧化碳,因为在当时还没有建立能够确定空气中痕量气体的 140

浓度的技术。但史密斯通过分析灰尘和烟灰，或者把被雨水带下来的污染物收集到大容量计量器的方法，解决了这一问题。大约于1869年，史密斯做出了安排，要在英伦群岛全境各处采集雨水样品。这些采集和分析远远超出了“碱业法案”要求的检查官职责。

表7.1 在不同的地点，由史密斯测定的氧与二氧化碳的浓度

氧	%
偏远地区	20.990
曼彻斯特郊区，潮湿气候条件	20.970
曼彻斯特，雾与霜	20.910
伦敦医院有通风的病房内	
1. 白天	20.920
2. 半夜	20.886
3. 早晨	20.884
二氧化碳	ppm①
偏远地区	335
伦敦街头，夏天	380
伦敦公园	301
伦敦泰晤士河上	343

出处：史密斯（1872年）《空气与雨》，伦敦。

① 即百万分之一。——译者注

史密斯有些大气分析中的氧和二氧化碳部分见表7.1。我们可以很容易地看出,氧的浓度即使是在非常狭窄的空间情况下的变化也很小。因此,卡文迪许在100年前以他非常原始的装置也没法发现氧的浓度随天气的变化,这也就不足为奇了。史密斯也能够证明,蜡烛通常在氧的浓度下降到大约18.5%的时候变暗,因此在《伦敦的末日》中描述的“氧气被完全抽走”的情况是不可能发生的。史密斯非常仔细,他指出,氧气浓度发生的非常小的变化并不重要,“但如果我们假设它的位置被有害的物质占据,那么我们就一定不能小看这种物质了”。消失了的氧气中的很大一部分可以由二氧化碳的形成来解释。正如我们可以从表7.1中看出的那样,按照比例来说,这种气体的变化要大得多。

史密斯对雨水的组成进行了分析;从地域上说,其样品的来源从赫布里底群岛一直延伸到爱尔兰南部。这些测量通常是点测,但在一些市区测量中,尤其在那些在曼彻斯特进行的测量中,有些好几年的记录都保存了下来。对于雨水的测定包括氯化物、硫酸盐、硝酸盐、氨和其他几种物质。我们在这里只考虑有关硫酸盐、氯化物和氨的结果,并将其总结在表7.2中。在沿海地区,在雨水中的硫酸盐浓度相对于氯化物的比率相当低,这是因为存在着比较大量的氯化物的缘故。事实上,这一比率接近海水中的比率。这说明,从本质上说,海上的降水就是稀释了的海上的浪花。而在内陆,特别在大城市里,硫酸盐的数量则大为增加。史密斯毫不怀疑,市区降水中硫酸的来源是煤燃烧后排放的含硫气体。这些早期的结果,标志着为理解发生在市区大气中的化学变化所需要的监控的开始。

141

表7.2　在不同的地点,由史密斯测定的雨水组成

	氯化物 m mol/l*	硫酸盐 m mol/l	氨 m mol/l
苏格兰(沿海)	0.36	0.06	0.04
苏格兰(内陆)	0.1	0.02	0.03
伦敦	0.04	0.2	0.2
利物浦	0.29	0.4	0.32
曼彻斯特	0.16	0.46	0.38
英格兰城镇	0.24	0.35	0.3

注: * 毫摩尔每升。

出处: 史密斯(1872年)《空气与雨》,伦敦。

降雨化学的开始

在史密斯关注到因为人类活动而造成的雨水组成变化之前很久,科学家就产生了对于雨水的组成的兴趣。从古典时代起,就曾有人们评论过雨中带有颜色的灰尘和海盐的存在。英格兰科学家威廉姆·德汉(William Derham)注意到,在1703年的一场大风暴之后,草上带有的盐分过高,以至于绵羊过了一段时间之后才肯吃草。[6]原子论者约翰·道尔顿(John Dalton,1766—1844)证明,当风更直接地从海上吹过来的时候,在曼彻斯特的雨水中,盐的浓度要比平时高很多。[7]英国降水学会曾在一段时间内研究过海上的浪花与海岸边的地点采集的雨水样品的可能混合。在19世纪60年代,这一学会为它的成员提供了检验仪器,以使他们得

以确定雨水中的氯化物浓度。不久之后，该学会的主席西蒙斯(Symons)便不再对这一探索行动抱有幻想了，但在此之前人们已经搞清楚了，即使在岸边的地点，海上的浪花对降雨总量的贡献也不大。[8]在19世纪60年代，河流污染委员会也在一段时间内对雨水表现出了兴趣。他们担心的是人们用作饮水的雨水的组成。他们所做的分析证实他们的担心是有道理的，因为甚至在距离任何大城镇都在25英里以上的地点，他们都发现了令人吃惊的污染程度。[9]

在监控方面意义最为重大的进步是通过农业研究取得的。自从罗马时代以来，人们就已经知道了雨水组成对于农业的重要性。[10]当萨缪尔·约翰逊(Samuel Johnson)说"雨水对蔬菜有益处"的时候，他总结了一个从最远古的时代就一直存在的理念。[11]人们认为，对于农作物来说，雨水比灌溉用水要好，原因就在于雨水中含有的化合物。肯内尔姆·迪格比勋爵正确地认为，这些化合物是含氮化合物。然而，说雨水有助于农作物生长，这一点并非总是正确的。古典作者普林尼(Pliny)[12]描述过可能是当雨水含盐分过高时植被所受的损害，因此，一些最早的农业测量与雨水中的氯含量有关，这几乎不会让人感到吃惊。除此之外，在雨水中的氯化物是相对容易检测的。英伦群岛上第一次全年降水分析是于1843年在苏格兰佩尼库克靠近海滨的地点进行的，分析对象是氯化物，尽管这次分析相当不准确。[13]有些人建立的理论认为，对于金盏花一类具有海洋祖先的植物来说，如果在它们生长的土地中含有较多的盐，它们会从中受益。这种想法很快就被抛弃了。而在时间推移的过程中，人们发现了明显的事实，即除了在刚好处于海岸边缘的地方生长的农作物以外，雨水中含有的海盐对于绝大多数农作物产生的作用都很小，而在紧靠海岸边缘的地方，雨水中带有的海盐起到的作用或许是有害的。[14]

19 世纪，人们对于降水组成的最为活跃的兴趣集中在其中的含氮成分，当时的伟大农业理论家们发生了激烈的争论，有些人名声扫地。加斯塔斯·冯·李比希（Justus von Liebig）在他极富影响且广为人知的著作中摈弃了以前认为植物的营养是通过腐殖质而来的想法，提出了新概念。[15]他认为，植物从空气中吸收氨的方式与吸收二氧化碳的方式大体相同。这样一个理论所蕴含的意义是非常巨大的。这意味着，向土壤中加入肥料并不是必需的。他也认为雨水对于土壤中的氮有着可观的贡献，而且还声称，每年在每英亩土壤内氮的积蓄量会达到 27 千克，看上去这对于许多农作物都已经足够的了。正是由于这种观点引发的争论，才开始了自此之后 70 年间很大一部分对雨水的分析工作。

19 世纪 50 年代，英格兰有关这一问题的早期分析工作是由年轻的农业化学家 J. T. 韦（J. T. Way）承担的。这一工作无法在洛桑的实验站内开展，因为那里的土地都被其他研究工作完全占用了。研究进行得十分顺利，而且韦很快就发现，李比希在他的理论中提出的雨水含氮水平明显过高。[16]到了 1861 年，人们很清楚地认识到，非豆科植物无法从空气中汲取氮，而且被雨水带下来的氮的数量太小，无法满足大多数农作物的需要。在这样一个确定无疑的答案面前，这一课题或许不会再受到任何进一步的关注，但在 1870 年，人们在洛桑设置了著名的大型雨水计量仪，其面积为千分之一英亩，这一装置有助于人们研究渗漏的下水道水

143

中的氮损失。自然,这一研究需要分析雨水。这一场所也被河流污染委员会的弗兰克兰德接收。在安装之后,人们一直到1916年都在使用这套大型雨水计量仪进行化学分析工作,直到在所有这些年中一直照管这些实验的化学家 N. H. J. 米勒(N. H. J. Miller)去世。悲剧的是,在这样一个漫长的研究之后,米勒的死亡正好是在他完成了总结洛桑60多年的降水化学的工作,并写成了一份庞大的报告的时刻。[17]值得庆幸的是,有许多早期数据依然存在,因此人们可以检查这些数据,并将其与近来在同一地点所做的测量结果加以比较。[18]在洛桑记录中最为漫长的系列测验的对象是雨水中的氯化物、氨和硝酸盐。遗憾的是,对于硫酸盐的分析较少;但是把尚存的少数几份与现代分析进行比较,这也是很有意思的工作。在1881—1887年间,在洛桑的每公顷(ha)土地上每年大约沉积了7.8千克的硫,而在1955—1966年间所进行的测量中,这一数字提高到了12.2kg/ha,其原因很可能是在英伦群岛上空的空气中的硫含量有所增加①。遗憾的是,确定早期对于硫进行的分析是否可靠并非易事。 *144*

在有关氯化物、氨和硝酸盐的分析的问题上,我们的运气就要好得多了,因为除了每年的总量之外,我们还可以看到每月的分析数据。从图7.3(a)中我们可以发现,在现代数字与得自早

① 原文此处的比较基于不同的时间,一为1881—1887年,历时7年,一为1955—1966年,历时12年。我估计硫的沉积量指的是每年的数值,否则每年硫的沉积不但没有下降,而且略有增加;因此我在译文中加了"每年"两字。从后文作者有关氯化物和硝酸盐的讨论看,我的想法应该是正确的。——译者注

图 7.2 在洛桑采集雨水用于分析的计量仪

期数据的数字之间的比较,重合得近乎完美。这还不仅仅是氯化物的沉积量保持了恒定,而且就连它的季节分布也没有发生变化。对于像洛桑这样一个的地方来说,我们预期氯化物的水平不会改变,因为雨水中氯化物的主要来源应该是被雨水深深地带入内陆的海盐。即使在今天,人类的贡献也远比氯化物这一自然来源的贡献小得多。在季节分布中尤其明显的,是在冬天的几个月里氯化物的较高沉积量,这应该是冬天的暴风雨带来的结果。

如果我们检查硝酸盐的季节分布(见图 7.3[b]),那么我们就可以发现,现代数字和过去的数字之间的差别是相当明显的。145 在现代时期,不仅每年的沉积量增加了,而且季节分布也有所改变。19 世纪的季节分布相差不大,但现在,硝酸盐的沉积量在春

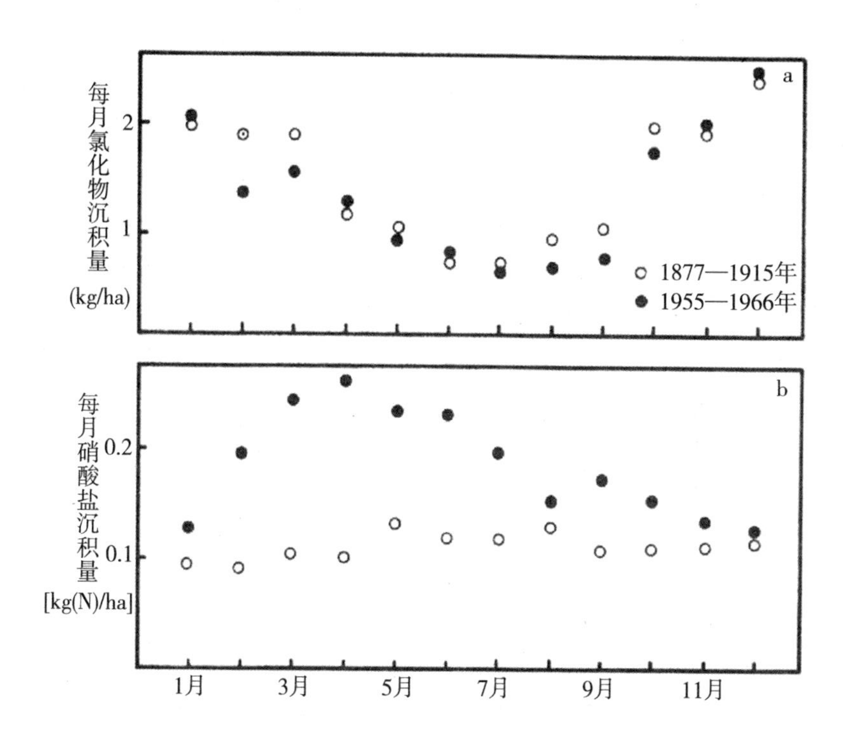

图 7.3 1877—1915 年间与 1955—1966 年间洛桑地区雨水组成的季节变化

季出现了一个峰值。硝酸盐总沉积量的增加或许是因燃烧过程(特别是内燃机燃烧过程)而使伦敦的污染排放量增加的结果,因为这种燃烧过程会产生氮的氧化物,它们又会被进一步氧化形成硝酸,后者在雨水中发生化学反应生成硝酸盐。这种来源或许在春天会因为大气光化学现象的增加或天气模式不同而更为重要。同样有可能的是,硝酸盐的数量变化反映了农业行为的改变,因为在过去 100 年间,人们使用的肥料数量大增,这就造成了氮循环内活动的加强,因此出现了上述结果。

都市内的监控

在伦敦进行的最早的雨水组成测量来自 R. A. 史密斯的工作，其结果包括在他的著作《空气与雨》中。这些采样站只维持了很短一段时期。因为样品经常是从不同的季节采集的，而且采集所用的时间也不同，因此测试的结果存在不可靠之处。这使得我们现在几乎不可能将这些结果与后来取得的更为系统的观察进行任何对比。史密斯采集的数据来自大量地点（大部分在消防站内），因此，如果我们愿意接受它在准确度上的局限性，那么就有可能绘制一幅来自伦敦周围地区的雨水样品中的含硫浓度的等高线图。史密斯所进行分析的样品主要采集于 1870 年的上半年，于是便给了我们一个关于 100 多年前伦敦雨水中硫酸盐沉积量分布的粗略观感。正如我们预期的那样，浓度最高的地方出现在伦敦市中心人口稠密的地区。从图上看，高浓度地区似乎存在着某种沿东—西方向延伸的分布趋势，流行风无疑有助于这一现象的出现（见图 7.4）。由于史密斯采用的采集技术和比较长的暴露时间，因此我们无法将他的浓度结果与现代的测量数据进行比较。然而，史密斯的结果能够说明，大部分硫并没有沉积在城市的范围之内，而是被转移到了乡村地区。

W. J. 罗素医生是第二个对伦敦的雨水发生了浓郁兴趣的化学家。尽管他的采集网络仅仅包括几个采集站，但这些采集站在 1882—1884 年间收集样品的频率相当高。[19]在他的记录中没有提到每次收集的雨水样品量是多少，但我们有可能从这期间伦敦降雨量的记录中推导出这些数字。结合这两套数据,我们就能够估计伦敦市内硫酸盐和氯化物的年沉积量的早期数据(见图7.3[a]),这一套数据比官方的监控计划开始的日期要早好几十年。这些早期的测量结果表明,硫酸盐的含量要比我们今天预期的(见表7.3[b])高出不少。在此之后,直到1910年才出现了对于伦敦雨水的进一步分析,当时煤烟减排协会的H. A. 德斯·沃克斯(H. A. Des Voeux)博士促成建立了一个小的测试网络。[20]这些分析说明,煤烟减排协会(1889年)对雨水产生了更广泛一些的兴趣。在那个时候以前,它所关心的主要是观察黑色烟气的排放和其他活动,如为司炉开办各种课程等。

146

147

表7.3 氯化物与硫酸盐阴离子(以每平方米内元素的克数表达)的年湿沉积量

(a) 1882—1884年			
	圣巴塞洛缪医院 东部中央邮区	汉密尔顿街 西北邮区	萨克维尔 绿地
氯化物	10	7.5	3.5
硫酸盐	7.3	4.2	3.8
(b) 1956—1957年			
	伦敦市中心 5个采集点	汉普斯特德 2个采集点	斯托克纽因顿 1个采集点
氯化物	4.6	6.5	4.0
硫酸盐	5.2	3.1	3.3

注:(a)根据W.J.罗素从1882年10月至1884年3月的雨水分析所做的估计;(b)科学与工业研究总署1956—1957年的数据。

出处:数据来自罗素,W.J.(1884年)《试论伦敦雨》,附录I,每月气候报告,(4月)。

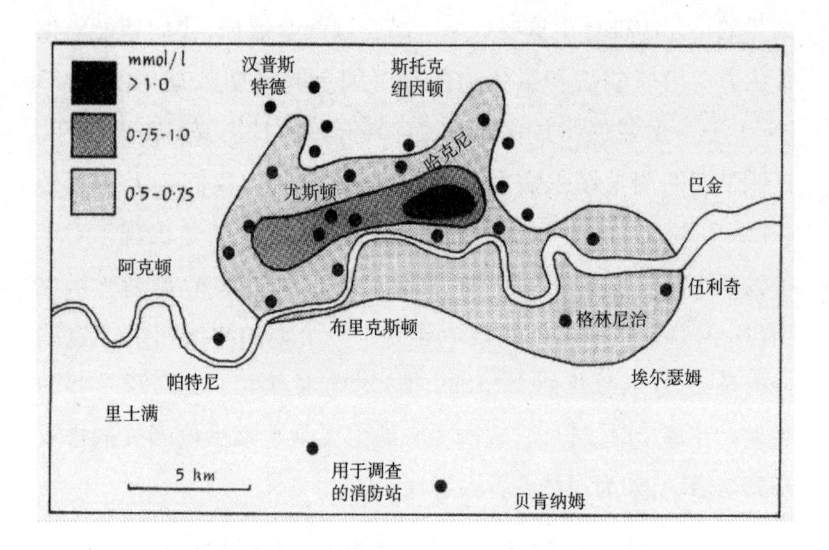

图 7.4　1869—1870 年间硫酸盐在伦敦周围地区雨水中的沉积量

图 7.5　圣巴塞洛缪医院的 W. J. 罗素医生在 19 世纪分析了伦敦的雨水和空气的组成

罗素和煤烟减排协会的工作是发展沉积计量仪[21]（见图7.6）的第一步。这种计量仪带有一个遮蔽屏以防止鸟类污染样品收集，它在本质上是一种大型雨水计量仪。工作人员每月用新的样品瓶更换放置在漏斗下面的样品瓶，并分析瓶中的样品。典型的分析项目包括氯化物、硫酸盐、氨、钙、不溶解物质总量、焦油类物质、灰、雨水的酸性或碱性，以及后来的pH值。最初由德斯沃克斯发起的分析是由医学杂志《柳叶刀》（*The Lancet*）的实验室进行的。那时的分析仪限于对氯化物、硫酸盐和氨的分析、一些有关钙的分析以及对固体物质的测量。这一研究是一项更为广泛的计量仪网络分析研究的先驱，后者是在空气污染咨询委员会的总体监督下展开工作的。

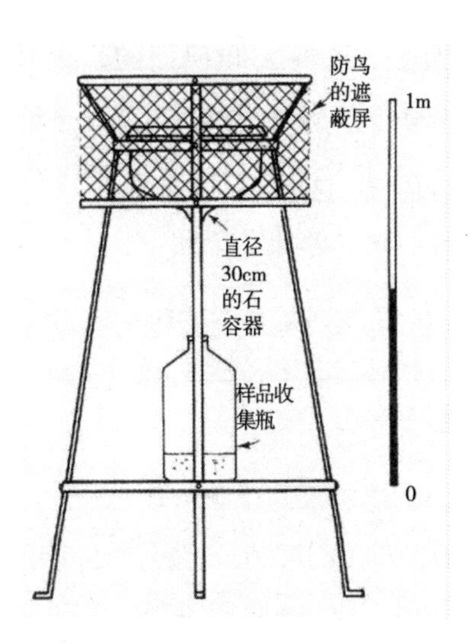

图7.6　20世纪初开发的用以测度空气中沉积着的烟灰数量的计量仪

空气污染咨询委员会

1912 年 3 月,由空气污染咨询委员会赞助的国际烟气减排展览在伦敦开馆。出现在观众面前的不仅仅是展品,还包括一些技术文件,其中有一些强调了在全国范围内展开对于大气污染的系统研究的必要性。展览会后不久,以纳皮尔·肖(Napie Shaw)爵士主持的大气污染调查委员会即告成立,肖在当时同时担任英国国家气象局主任一职。[22]这一委员会完全建立在自愿的基础上,但《柳叶刀》为其提供了出版与实验设施。早期成员的名单让人极为注目。它似乎囊括大批我们可以视为 20 世纪初在空气污染方面的重要人物的人士。这些人和他们的贡献罗列在表 7.4 中。他们将从事空气污染方面的科学研究,而不是负责进行促进政治或立法方面变革的活动。这批人与前面那些对付伦敦污染大气问题的各个团体的不同之处即在于此。

149

表 7.4　大气污染调查委员会的早期成员

主席:纳皮尔·肖爵士,因出任英国国家气象局首任主任以及他在有关气候方面的各个课题上的著作和论文而为人们所铭记。
秘书:煤烟减排协会的 J. S. 欧文斯医生,在随后的几十年中,他在伦敦的空气污染方面开展了许多研究。他与肖合作,共同撰写了一本重要著作,标题是《大城市的烟气问题》。
J. S. 凯夫,此前曾任皇家气象学会主席,是《大气的结构》一书的作者。
英国国家气象局的 J. G. 克拉克,他被任命分管沉积计量仪分委员会。

利兹大学的 J. B. 科恩教授，他在有关空气污染及其对城市范围内或附近区域的植被的影响方面发表了一批论文。

H. A. 德斯. 沃尔斯医生，煤烟减排协会名誉司库。

浩克斯雷医生，利物浦健康医疗助理主管。

J. B. C. 克肖，汉堡烟气减排协会成员，以《烟气预防与燃料经济》一书的共同作者而知名。

E. J. 罗素医生，洛桑实验站主任，他在米勒过早去世后负责分析后者采集的样品。

大不列颠帝国烟气减排联盟的 E. D. 塞蒙。

格拉斯哥市政府分委员会的贝里 · W. 史密斯，他是空气净化分委员会主管沉积计量仪工作的会议召集人。

《柳叶刀》的 S. A. 瓦塞。

F. J. W. 惠普尔，英国国家气象局仪器部主管。

一个包括 J. G. 克拉克（J. G. Clark）和贝里 · 史密斯（Bailie Smith）在内的分委员会负责设计标准沉积计量仪。《柳叶刀》在 1910—1911 年的研究中使用的计量仪是由铁皮喷上珐琅制造的。业已证明，这种物质只有当暴露于城市的腐蚀性大气中的时间相对短的时候才有令人满意的性质。开始人们把玻璃丝塞子放在漏斗的颈部用以过滤雨水中的固体杂质，但就连玻璃丝也在雨水中溶解了。新设计的标准计量仪带有一个圆形的碗状物，用以取代原来的正方形容器，制造材料也改成了铸铁，上面带有釉瓷涂层，而不再用珐琅铁皮。尽管在原来的计划中，标准计量仪的面积正好为 4 平方英尺，但釉瓷涂层过程给容器带来的张力太大，因此无法把它们做成完全圆形的。人们通过用特定的计量仪系

数校正每一个计量仪,因此可以修正因容器非圆形而造成的误差,通过这种方法解决了由于变形造成的问题。这种使用计量仪系数的做法现在还在采集大气沉积时沿袭使用。一张用金属丝制成的屏幕放置于计量仪周围,用以防止鸟类站立于仪器边缘。似乎没有任何一种用来防止鸟类的措施是完全合用的,直到现

150 在,用以防止鸟类在实验场地内站在仪器边缘的预防措施还是让采集降水样品的科学家感到担心。这些计量仪随后被分发到英伦群岛的19个城市和城镇中去,而到了1914年4月,12台计量仪已经开始了工作。随着时间的进程,计量仪出现了进一步的进化,碗状物的尺寸有所减小,并采用涂珐琅层的石料作为材料。

在委员会存在的第二年,它的名字改成了大气污染咨询委员会。该委员会管理下的计量仪网络所得到的结果刊印在每年由国家气象局发表的报告上。科学与工业研究总署每年给该委员会500英镑的赞助,条件是当时控制国家气象局的工作的气象委

151 员会应负责管理这笔拨款的使用。尽管国家气象局按期发表这些工作的年度报告,空气污染的全部数据还是按月出现在《柳叶刀》上面。这种安排持续了好多年,直到对于空气污染的监控权直接落到了科学与工业研究总署(DSIR)手中才告终止。

随着岁月的推移,由DSIR控制的沉积计量仪的数目有了极大地增加。在格拉斯哥地区,分析者经常因在城市计量仪内出现的啤酒糖而遇到麻烦。在其他市区地点也曾发现过尿的存在。在第二次世界大战期间,偶尔出现过显示有大量固体物质沉积的记录,对此人们发表了评论,将其来源大体解释为来自敌方的行

图7.7 纳皮尔·肖爵士，大气污染研究委员会主席、国家气象局主任

动造成的灰尘。[23]然而，随着20世纪50年代仪器的不断精密化，有许多人觉得，需要用更为现代化的仪器来代替这一沉积计量仪网络。沉积计量仪的关键问题之一是，即使在经过仔细选址的地点，它的最高准确度也不超过±20%。[24]同样，沉积物经常带来一些物质，它们大都反映了非常具有地区性特色的来源，而没有给出在更广大区域内的污染物的有代表性的图像。在20世纪70年代初期，沃伦斯普林实验室，即原来的监控网络的现代继承者，迫切地希望采纳更为可靠的技术，而对沉积计量仪及其积累下来的

长篇报告的兴趣下降了。[25]

尽管存在着废弃沉积计量仪的压力，在整个20世纪70年代，人们还是在一些城市中继续使用它们。在伦敦，由于几位热心人的工作，大伦敦市议会继续监控城市之内沉积的愿望得以实现。这就意味着，现在，在伦敦的一些地点将存在着超过60年的记录。通过审慎地使用一些较早的数据，我们有可能总结70年的记录，其结果见图7.8。尽管这些记录的绝对精确度或许存在疑问，但我们不会因此而无法看清19世纪所发生的重大变化；正是这些变化，导致了硫酸盐沉积在一个世纪中的下降。而且，虽说图中的显示并非十分清楚，但我们也能看到一些证据，说明人们在此期间取得了巨大的进步。

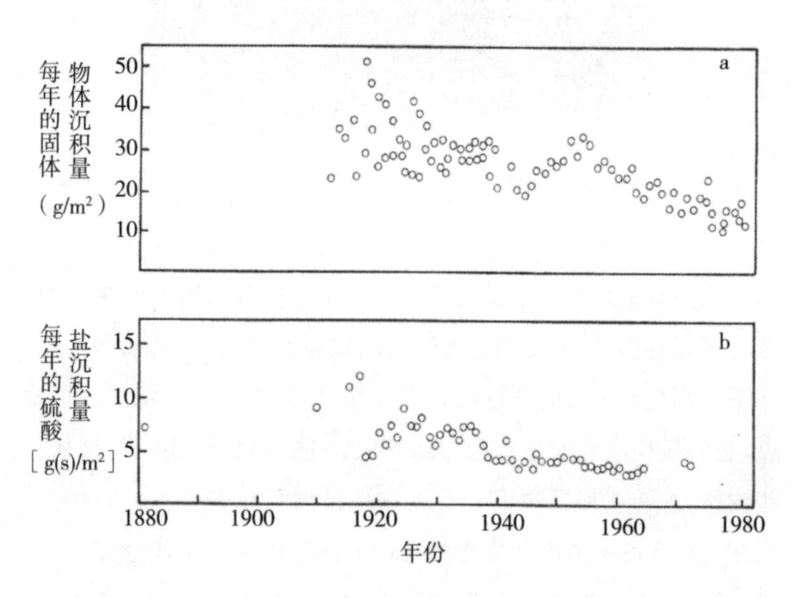

图7.8　伦敦大气中不溶于水的固体沉积物和硫酸盐总量的记录

对悬浮微粒的测量

沉积计量仪为提取市区大气的样品提供了一个简单的方式，但它能够提供的其实只不过是一个有关组成的概略的想法而已，因为大气成分中有多大的一部分会被阵雨冲洗下来，而又有多大一部分还保留在空气中，这一点我们是不清楚的。沉积计量仪只是一种测量“烟灰降落”的方法，而完全没有真正地在测量空气污染。早期的研究者意识到了这个问题；而且，罗素在19世纪80年代用通过过滤器吸取大体积空气的方法，进行了一些伦敦大气实际微粒含量的测量。[27]这一技术极为冗长乏味，他只做了几个测量，但当然，它们的结果还是非常有趣的，而且这些结果指出，在19世纪的伦敦空气中的微粒含量不低。我们把罗素的数据与在一系列不同条件下进行的更近代一些的测量数字进行了比较，结果列于表7.5中。其中特别有趣的是，我们看到了对于烟气的估计随天气发生的变化。现代的平均数值要低得多，但在浓雾条件下可以超过4000 $\mu g/m^3$。注意在周末发现的较低数值。

152

在不存在空气取样装备的情况下，人们有时候使用相当巧妙的来源来获得悬浮在伦敦大气中的物质的成分的信息。其中一种情况，是在20世纪开始不久的时候，人们分析了在通风机的通气口上沉积的固体存留物。[28]在另一次取样实践中，人们分析了切尔西一处屋顶的玻璃板上的沉积物。然而，后一次的样品的测试结果与通过沉积计量仪采集的样品的测试结果大同小异，并没有真正告诉我们大气中的物质的浓度。

在刚刚让沉积计量仪的网络顺利开始工作以后，大气污染咨询委员会便开始关注测量大气中的悬浮物质这一问题。它的目标是要开发一种不需要一位熟练化学家的帮助就能够迅速确定伦敦大气中的微粒物质浓度的技术。他们采用的方法是，抽取空气并令其在一小张圆形滤纸上过滤，然后记录滤纸因捕获微粒物质而变黑的程度。需要投入大量时间并解决许多麻烦问题才能校定变黑的程度与被滤纸捕获的悬浮微粒物质量之间的关系。然而，一旦完成了这一校定工作，人们就能够迅速地进行分析。到1918年，更出现了一种可供人们使用的仪器，这种仪器可以自行工作，每15分钟测量一次。20世纪20年代，人们在裘园安装了这样的一台仪器。[29]因为简便易行，用白色滤纸上的“烟气阴影”来测量大气中的微粒浓度这种方法直到现在还在非常普遍地应用。然而，这一技术用于长期测量时可能会产生误差，原因是外界自然的实际情况变化，这种变化会使烟气的颜色随时间而变。[30]例如，在伦敦，这种颜色的变化是因为烟气的来源已经由煤转变成了石油产品而产生的。误差的程度可以是大气中的烟气微粒浓度实际值的3倍到1/6。自然，这种困难可以通过常数重新标定来克服。但使用大体积取样器可以透过大张玻璃纤维滤纸抽取大量空气，抽取的空气量如此之大，人们已经可以直接进行称重了，这种做法已经得到了普遍的应用。

153

表7.5 伦敦大气中烟灰浓度的早期测量数字

	晴天		阴天	雾天
1885年				
烟气(μg/m³)	120		360	860
1962年12月,大雾				
烟气(μg/m³)				>4000
	夏季		冬季	
	工作日	周末	工作日	周末
1956—1957年				
烟气(μg/m³)	84	64	185	173

出处:罗素,W. J. (1885年)《试论伦敦空气中的杂质》,每月天气报告(8月);《大气污染研究》,第30次报告,英国国家文书局,伦敦(1959年);《大气污染研究,1958—1966年》,第32次报告,英国国家文书局,伦敦(1967年)。

二氧化硫

大气污染咨询委员会的早期研究工作主要集中在悬浮的微粒物质(烟气)和沉积物质上面。沉积计量仪给出了伦敦空气污染的实际化学状况的一些提示,但进一步的发展要求对空气的气体组成进行更为详细的分析。人们已经知道,建筑物石料和植被遭受的损害是通过硫酸的作用发生的,而硫酸是二氧化硫在空气中氧化形成的产物,因此人们有充分理由检查伦敦大气中的二氧化硫浓度。人们在19世纪初期对欧洲不同城市空气的二氧化硫浓度进行了几次测量,但这些浓度数字都太高,让人无法相信其 *154*

可靠性。表7.6所示为人们在19世纪后期在一些英格兰城镇和城市中得到的一批数值。尽管它们看上去也太高,除了在一年中污染最为严重的日子里以外,不会存在任何代表性意义,但它们能让我们得以比较不同地方的二氧化硫污染情况。[31]

表7.6 对英格兰市镇与城市中二氧化硫浓度的早期估计

地点	二氧化硫浓度($\mu g/m^3$)
曼彻斯特	2930
伦敦	2180
巴克斯顿	1950
迪兹伯里	1746
布拉克浦	620

出处:梅贝里,C. F.(1985年)《美国化学学会杂志》,17,105。

1932年,在开发测量大气中的二氧化硫的简单方法方面也取得了一些进展。建筑物研究站已经能够估计被暴露的固体表面吸收的气体量了。他们选择过氧化铅(PbO_2)作为表面,它将按照如下化学反应方程式与二氧化硫反应:

$$PbO_2 + SO_2 \longrightarrow PbSO_4$$

在一段给定的暴露时间之后,人们可以分析表面,然后根据二氧化硫在某一过氧化铅的表面面积上的吸收量表达它的吸收量。人们发现,这一过程既简单便宜,也能合理地测量二氧化硫的沉积量。很明显,科学家和建筑物研究站对这一信息有很大的兴趣,因为他们关心沉积的二氧化硫对油漆、石料和铁件的损害。这一装置非常成功,这让它在一般检测工作中得到了广泛的应用。然而,在用于估计空气中的二氧化硫的实际浓度时,实验结果还无法证明可以成功地应用这种方法。人们很难通过对硫的沉积量的测量结果进行的分析数据来估计在暴露时间内空气中的二氧化硫的平均浓度。[32]

155

一种更加令人满意的技术是,在抽取某一已知体积的空气时令其通过某种溶液,这种溶液可以让人们随后分析其中溶解的硫。人们通常让大约2立方米的空气在抽取过程中通过大约30立方厘米的过氧化氢稀溶液,该溶液的pH值约为4.5。这一过氧化氢溶液可以把气流中存在的任何二氧化硫氧化为硫酸:

$$H_2O_2 + SO_2 \longrightarrow H_2SO_4$$

人们随后可以用某种碱溶液的滴定法调整溶液的pH值,使其回到原有的4.5,从而确定其中含有的硫酸量。这一分析过程的缺点是,大气中含有的其他酸性或碱性气体如氨、盐酸和氮的氧化物可能会通过改变溶液的酸性或碱性的方式干扰分析结果。在更晚些的时候,人们通常直接用比色法或者电化学法分析溶液中的硫含量。[33]

动植物研究

伦敦人长期以来就知道城市的空气对于他们的花园的影响,但直到19世纪后期人们才开始这方面的科学研究工作。[34]除了这些科学方面的工作以外,伦敦的园艺协会也一直对烟气对于植物造成的影响具有浓厚的兴趣。伦敦周围受到空气污染的空间范围一直在持续增加,这意味着,之前在紧挨市中心的地方拥有花园的一些种子店和花店，不得不在19世纪与20世纪之交把花园迁往农村。有关城镇空气对于植被影响的最为广泛的研究，于1906年在离利兹不远的加福斯曼纳庄园开始进行，这一研究是利兹大学持续进行的有关空气污染和农业方面的长期研究工作的一部分。[35]这一工作检查了二氧化硫及其在氧化过程中产生的酸在损害植被方面所起的作用。研究者们也对烟灰在遮蔽阳光方面的重要性，以及在植物叶子上的烟灰沉积的重要性有兴趣。烟灰沉积能够堵塞气孔，阻止光合作用的发生。除了其他内容以外，人们在这一研究项目的报告的结论中做出了如下陈述：

（1）大型工业城市内部或周围的大气对于植物的生长具有明显的有害作用；

（2）尽管这些作用主要集中在城市的工业区内，但风可以让污染物分散到很大的区域内；

（3）穿过被污染的空气的降水会携带大量污染物。

参与这一项目工作的人们（查尔斯·格罗泽尔，亚瑟·拉斯顿和J. B. 科恩）逐步清楚地认识到，植物是标识空气污染极好的指示剂。在某种意义上，它们可以形成一种免费的生物监控网络。人们可以利用在一个地区内的植物物种的多寡及其健康状况来检测空气质量。尽管早在1915年就有人提出了这样的建议，但直到最近才有人在这一技术最让人印象深刻的应用方面取得了成果。有些青苔物种对于二氧化硫格外敏感，因此，人们有可能利用它们在英伦群岛上的分布来画出二氧化硫的分布图。[36]与历史性问题更为相关的，是自18世纪人们做出最早的青苔调查[37]以来，研究人员对埃平森林的青苔物种变异的研究。埃平森

156

林位于伦敦东北方，伦敦的城区界限距离这座森林越来越近。在这样一种情况下，我们可以预期空气中二氧化硫浓度水平的逐步上升。表7.7列出的数据给出了根据青苔种群的状况估算的冬季平均二氧化硫浓度的逐步增加。有证据说明，青苔可能正在重返伦敦市，但业已证明，就整体而言，耐酸的品种在重新定植方面所取得的成效最高。

表7.7 根据对青苔类植物的调查估算的埃平森林大气中的二氧化硫浓度

年份	研究者	二氧化硫的冬季平均浓度 μg/m³
1784—1796年	爱德华·弗斯特尔	30
1865—1868年	年克鲁姆比	40
1881—1882年	克鲁姆比	50-60
1909—1919年	鲍尔森与汤普森	60-70
1969—1970年	浩克沃茨	70-120

出处：浩克沃茨，D.L.，罗斯，F.与柯平斯，B.J.(1973年)《在英格兰与威尔士地区因二氧化硫造成的空气污染产生的青苔植物群的变化》，见费里，B.W.巴德雷，M.S.与浩克沃茨，D.L.，《空气污染与青苔》，阿斯罗恩出版社，伦敦，330-67。

更加令人瞩目的一个现象或许是英伦群岛日益增加的污染令某些物种在进化方面发生的变异。有关这种进化方面的变异，其中最为人知的例子是具有黑变形式的各种蝴蝶的增加。很显然，在英格兰中部地区黑化地区，黑色是最为合适的伪装色；因此不出所料，从 19 世纪开始，人们更为经常地发现了各种类型的黑色蛾，[38]而且有证据说明，从那时起伦敦地区的蝴蝶发生了进一步的黑化。[39]桦尺蛾的黑化形式的分布与燃料使用的分布具有引人注目的相似之处，因此也就与英伦群岛的空气污染分布具这种相似之处。[40]

157 有关物种适应被污染环境的现象，人们发现的更晚些时候的证据来自对默西塞德地区①多年生黑麦草的研究。[41]研究人员把每个种群的 36 个单独确认的无性繁殖系个体暴露于经人工调节的二氧化硫环境下，其二氧化硫浓度分别为 35 $\mu g/m^3$（对照组）或者较高的 650 $\mu g/m^3$。这些种群分别来自市区和乡村的不同地点。当人们在高浓度二氧化硫实验条件下，把来自城市和乡村地区的植株分别与对照组植株的生长情况比较时，他们发现，来自乡村地区的种群在受到二氧化硫污染的空气中的生长状况似乎比较差。这表明，长期暴露于英格兰北方受污染的空气之下，草甚至都会进化成更具污染耐受力的品种。

我们在本章的全部内容中看到了，市区的空气污染及其影响受到了人们越来越仔细的监控。其监控水平与人们对于市区空气污染物本质的认识的增加平行并进。然而，立法的变革与减排的实践并没有与这种知识的增长所造成的结果保持速度，因此，发生随之而来的悲剧几乎是不可避免的。

---

① 位于英格兰西北地区的一个郡，利物浦在该郡范围内。——译者注

注 释

1. 正如我们已经强调过的那样,科学家很长时间以来便知道煤烟中存在着含硫物质。在19世纪早期的人们往往会犯下的错误是这样一种观点,即这种物质的含量太少,不足为虑。Buchanan, W. M. 在他的著作(1857)(*Smoke Nuisance Question*, Griffin & Co., London)中指出,煤中的硫含量非常低。看上去这是一个相当粗糙的理念,但直至20世纪50年代之前,这一理念的确残存在这一领域内的许多人的头脑中。毕竟,Marsh 有关煤和大气的经典著作的标题直接就是简简单单的"烟气"二字:*Smoke*(Marsh, A. [1947] *Smoke*, Faber & Faber, London)。
2. *Report of the Committee (Lord Derby's) on the injury resulting from Noxious Vapours evolved in certain manufacturing processes, and the Law relating thereto; Evidence, Appendix and Index* (1862). 人们可以在 MacLeod, R. M. 的论文中找到有关这一立法执行情况的一篇文章:(1965) 'The Alkali Acts administration, 1863 - 84: the emergence of the civil scientist', *Victorian Studies* 86 - 112。
3. Kingzett, C. T. (1877) *The History, Products, and Processes of the Alkali Trade*, Longman, Green, London; Lungo, G. (1891—1896) *A Theoretical and Practical Treatise on the Manufacture of Sulphuric Acid and Alkali*, Gurney & Jackson, London.
4. Ashby, E. (1975) 'The politics of noxious vapours', *Glass Technology*, 16, 60 - 7.
5. Smith, R. A. (1872) *Air and Rain*, London.
6. Derham, J., 'Observations of the late great storm', *Phil. Trans. Roy. Soc. Lond. ab.* v 60(1704).
7. Dalton, J. (1824) 'Saline impregnation of rain which fell during the late storm, December 5th 1822', *Memoirs Lit. and Phil. Soc. Manchester*, 4, 324 - 31 and 363 - 72.
8. Symons (1886) 'Detection of sea spray when mingled with rain', *British Rainfall*, 11 - 12.

158

9. Frankland, E. (1874) *Sixth Report, Rivers Pollution Commission*.
10. Vitruvius, *De Architectura*, VIII, 2.
11. Johnson, S. 见 *Boswell's Life of Johnson*, 14 July 1763。
12. Pliny, Lib. xxxi, c. 29, 'Ter accidit in Bosporo, ut salsi deciderent necarentque frumenta.'
13. Madden, H. R. (1843) 'On the advantages of extended chemical analysis to agriculture', *Trans. Highland Agric. Soc.*, 14, 568 – 86.
14. Matson, M. (1876) 'Salt in rainwater', *Agric. Student's Gazette*, 1, 132; Church, A. H. (1877) 'Salt in rainwater', *Agric. Students' Gazette* 2, 14.
15. von Liebig, J. (1843) *Chemistry and its Applications to Agriculture and Physiology*, Taylor & Walton, London.
16. Way, J. T. (1855) 'The atmosphere as a source of nitrogen to plants', *J. Roy. Agric. S. England*, 16, 249 – 67.
17. 然而，Miller 的工作以两篇相当完整的论文的形式保留了下来：Miller, N. H. J. (1905) 'The amounts of nitrogen as ammonia and as nitric acid and of chlorine in the rain water collected at Rothamsted', *J. Agric. Sci.* 1, 280 – 303，以及 Russell, E. J. 和 Richards, E. H. (1919) 'The amount and composition of rain falling at Rothamsted', *J. Agric. Sci.*, 9, 309 – 37。
18. 作为欧洲空气化学网络的一部分，这些结果从 1955 年至 1966 年定期发表在 *Tellus* 上。它们此后还在那里发表，但频率有所降低；详情见 Brimblecombe, P. and Pitman, J. I. (1980) 'Long term deposit at Rothamsted, England', *Tellus*, 32, 261 – 7。
19. Russell, W. J. (1884) 'On London rain', Appendix I, *Monthly Weather Report*, (April).
20. Anon. (1912) 'The sootfall of London: its amount, quality and effects', *The Lancet*, 47 – 50.
21. 'Atmospheric pollution', *Nature*, 94 (1914), 433 – 4.
22. 有关该委员会在早期历史中的一些想法，人们可以在它最早的年度报告中找到。
23. 令人遗憾的是，偶尔出现的幽默事件只能在阅读了成千上万张现在已经泛黄了的分析之后才能找到。
24. Craxford, S. R.，在 National Society for Clean Air 年会上所做的关于1747 – 1951 年间英国标准沉积计量仪状况的讲话，1960。

25. *Deposit Gauge and Lead Oxide Observations*, Department of Trade and Industry, Warren Spring Laboratories.
26. 我为前大伦敦市议会科学部的 Bill Culley 先生协助我收集这些数据而向他致以深深的谢忱。Brimblecombe, P. (1982) 'Long term trends in London fog', *Science of the Total Environment*, 22, 19 - 29; Brimblecombe, P. (1982) 'Trends in the deposition of sulphate and total solids in London', *Science of the Total Environment*, 22, 97 - 103.
27. Russell, W. J. (1885) 'On the impurities of London air', *Monthly Weather Report*, August.
28. *Committee for the Investigations of Atmospheric Pollution*, 1st report, April 1914-March 1915; Lewes, V. B. (1910). 'Smoke and its prevention', *Nature*, 85, 290 - 4. 分析结果如下:

159

成分	在切尔西的玻璃屋顶上的沉积(1910)(%)	通风机过滤器,伦敦市中心(1914)(%)
碳	39.0	35.5
碳氢化合物	12.3	
有机碱	1.2	
焦油		1.5
钙		2.8
铁的氧化物		2.5
磁性组分	2.6	
氧化铝		8.3
硫酸盐	4.3	4.5
氨	1.4	0.9
二氧化硅	31.2	38.0
纤维		1.0

尽管在这些分析中和成分的分组上存在着差别,但碳和硅酸物质占多数。

29. Thornes, J., 'London's changing meteorology', 见 Clout, H. (ed.) (1978)

Changing London, University Tutorial Press, London.

30. Ball, D. J. and Hume, R. (1977) 'The relative importance of vehicular and domestic emissions of dark smoke in greater London in the mid 1970s, the significance of smoke shade measurements, and an explanation of the relationship of smoke shade to gravimetric measurements of particulate', *Atmos. Env.* 11, 1065 – 73.
31. Ladureau, A. (1883) *Ann. Chim. Phys*, 29(5), 427, 其中对城市的二氧化硫测试得出了相当高的结果。
32. *The Investigation of Atmospheric Pollution*, (1960) 31st Report, HMSO, London.
33. Katz, M. (1969): *Measurement of Air Pollutants*, WHO, Geneva. 文中包括许多分析方法，但分析硫酸盐用的是比色法。现在在伦敦进行的测量是英国标准程序与一种电化学方法; Scwhwar, M. J. R. and Ball, D. J. (1983) *Thirty Years On*, GLC, London。
34. Voelcker, A. (1864) 'On the injurious effects of smoke on certain building stones and on vegetation', J. Soc. Arts. 12, 146 – 51; Slater, A. (1875) 'Note on a wood damaged by gases from calcining iron stones'. *Trans. Scot. Abor. Soc.*, 8, 184 – 5.
35. Crowther, C. and Ruston, A. G. (1911) 'The nature, distribution and effects upon vegetation of atmospheric impurities in and near an industrial town', *J. Agric. Sci.*, 4, 25 – 55.
36. Hawksworth, D. L. and Rose, F. (1970) 'Qualitative scale for estimating sulphur dioxide pollution in England and Wales using epiphytic lichen', *Nature*, 227, 145 – 8.
37. Hawksworth, D. L., Rose, F. and Coppins, B. J. (1973) 'Change in the lichen flora of England and Wales attributable to pollution of the air by sulphur dioxide', in Ferry, B. W., Baddeley, M. S. and Hawksworth, D. L. *Air Pollution and Lichens*, Athlone Press, London, 330 – 367.
38. Kettlewell, H. B. D. (1973) *The Evolution of Melanism*, Clarendon Press, Oxford.
39. Mera, A. W. (1926) 'Increase in melanism in the last half-century', *London Naturalist*, 3 – 9.
40. Kettlewell, H. B. D., 'A survey of the frequencies of *Biston betularia* (L.)

160

(Lep.) and its melanic forms in Great Britain', *Heredity*, 12(1958), 51 – 72.

41. Horsman, D. C., Roberts, T. M. and Bradshaw, A. D. (1978) 'Evolution of sulphur dioxide tolerance in ryegrass', *Nature*, 276, 493 – 4; Bradshaw, A. D. and McNeilly, T. (1981) *Evolution and Pollution*, Edward Arnold, London.

161

8

大雾霾及其后

在19世纪,烟气减排协会极具影响而且富有成果的工作以及几个开明的议会委员会的活动,让人们看到了在空气污染控制方面取得迅速改进的希望。很明显,在一些特定的位置,伦敦上空的空气污染确实变得不那么严重了,但这些进步要比维多利亚时代的任何减排活跃分子希望看到的慢了许多。这并不单单是管理机构的漠不关心造成的:两场世界大战和一次经济大萧条所造成的影响让清洁空气的出现未能成为现实。

在20世纪初期,尽管伦敦雾的出现频率略有下降,但伦敦的空气污染形势依旧严峻。在污染的大气中的长期暴露让新的问题曝光。查林十字火车站内有一根横梁垮了。分析结果表明,这根横梁内含有将近9%的硫酸亚铁,这是持续暴露于含硫的煤烟中所产生的后果。[1]在其他火车站进行的调查表明,这一问题并不是查林十字(Charing Cross)火车站所独有的。在世纪交替时期,伦敦建筑物的石制部分比以往任何时候都腐烂得更快。在过去的50年间,许多早期建筑的构造的劣化超过了在此之前它们的存在时间的劣化总和。这样的损坏影响了伦敦的伟大建筑遗产。

时尚也继续受到影响。色调单调的室外颜料依然是最为常见的。在室内,深颜色的墙纸受到追捧,而窗帘的清洁一直是个问题。在整个20世纪较早时期,银制器皿的受欢迎程度下降,人们认为这是市区大气的锈蚀作用造成的,[2]但随后人们又认为,这可能仅仅是因为现在很难找到好仆人来清洁它们而已。

越来越多的火车与轮船运输也滋生了各自的污染问题,尽管在某种程度上,这两类交通工具的烟气排放在相当长的一段时间内受到了各个不同的法案的控制。尽管近来有了许多改进,但人们还是经常把伦敦地下隧道的肮脏状态归咎于早期在隧道内使用蒸汽机车。[3]当空运发展的时候,它一直受到经常发生的大雾和来自伦敦的长途漂移的烟雾的困扰。一份飞行手册向飞行员保证,在超出伦敦70英里之后就不会再有烟雾出现了。[4]尽管有空气污染严重干扰航空这一事实,但即使在今天,飞机对城市的大气污染应负的责任依然是很小的。它们对于城市上空的噪音污染的贡献倒是更为经常地被人们注意到。 *162*

即使在20世纪,人们提出的解决家居和工业烟气排放的方法不外乎改用煤气或电作为能源,如果这样不行的话就应该采用更为有效的烧煤方法。这注定意味着,无论家居或者工业来源都要这样做,绝无例外。就工业来说,这就涉及机械司炉的使用,而在家中,人们继续强烈提倡使用封闭火焰。人们意识到,燃料本身也可以改进。人们可以清洗煤,减少其中混杂的石砾和硫铁矿石含量(硫铁矿石燃烧会产生二氧化硫)。在第二次世界大战爆发前,人们对此的需求和对无烟燃料(无烟煤、焦炭和半焦炭如克莱特无烟燃料)的需求都在不断增加。甚至在战后,清洁空气的伟大倡导者之一阿诺德·马什也能够在他题为《烟气》[5]的书中说:“在空气质量的标准达到高得多的水平之前……人们不会对固体无烟燃料的硫含量提出任何批评意见。”一直到20世纪50年代这样的近代时期,控制空气污染的途径从本质上说也还是烟气减排,即使在控制污染的最强烈支持者中也有一些人持这种观点。

电气化的进展很慢。人们曾经认为铁路系统的排放占这个国家全部烟气的2.5%,但该系统一直未能全部电气化。事实上,在许多地区,人们是在用柴油机车而不是电动机车来代替蒸汽机车。在家居部分,电气化几乎已经全部完成,只有取暖的转变慢一些,但煤气和油已经证明了自己在燃料市场上的有效竞争者地位。在房屋已经变成“全电气化”以后很久,火炉还在客厅里拥有一席之地。在二次大战前后的年月里,家居消费烟煤的数量或许达到了每年2500万吨的水平。

乔治·奥维尔(George Orwell)是火焰崇拜(fire worship)[6]的一个雄辩的支持者。他坚持认为,尽管用煤会带来许多麻烦、肮脏和污染,但“如果我们心里想的是生活,而不是如何省去麻烦”,则所有这些都是“相对不那么重要的了”。奥维尔十分热切地关心穷苦人,这样的人为污染辩护似乎很奇怪,但不要忘了他对生存(living)的关切。从某种意义上说,我们可能会与他发生共鸣。污染可能是一个太容易利用的幌子,可以用来转移人们对于别的一些更急需变革的事情的注意。之所以如此,是因为经常有着简单的技术解决方法来对付污染,这一点人们很容易设想;而设想如何消除贫穷、失业或者歧视这些社会性问题则要困难得多。在有关奥维尔的态度这个问题上,非常重要的是要考虑到这样一个事实,即烟气减排看上去仍然在很大程度上是实业家和知识分子关心的问题。他们试图把问题的解决强加到一些人的身上,而在这些人的眼睛里,空气污染问题的重要性远远低于居住和卫生设备。即使在今天,与他们对空气污染的关心相比,居住在市区的穷苦人对于自己的直接经济问题的关心或许还是远远超过前者,那些污染问题远离城市贫民区,是让那些富人和环保主义者在自己的意识中感到烦恼的事情。

163

尽管有所有这些阻力,改变依然在发生着。在战后的一些年月里,国家逐步恢复了和平时期的繁荣,这让人们的心中又燃起了在家庭生活中获得更加节省劳力的装置的渴望。减轻大气污染方面的技术变革仍在顽强地持续发展,只是进展缓慢。与此同时,人们在环境法方面也同样取得了逐步的改进。

立　　法

在世纪交接的时候,对伦敦的烟气控制体现在 1891 年的“公共健康(伦敦)法案”上面,这一法案是在 1875 年的“公共健康法案”的基础上发展起来的。这一法案不适用于家用烟囱,但要求其他的用火和火炉在条件许可的情况下尽力燃烧自己产生的所有烟气。这听起来是非常合理的,但问题在于该法案中有这样的陈述:“任何排放黑色烟气的烟囱可能会被视为妨害。”人们应该如何定义“黑色烟气”? 切尔西自治区政府(The Chelsea Council)起诉伦敦地铁有限公司,要求强制该公司降低来自其发电站的烟气。此举未能成功,因为该发电站可以声称其烟气的颜色实际上是深棕色。1909 年,伦敦郡政府的公共控制委员会要努力删去这些限定词,因为它们严重削弱了 1891 年的法案,但强大的商业力量汇聚起来反对此举,而于 1910 年出台的伦敦郡政府(普通权限)法案在控制烟气排放方面只有有限的用处。

对降落在伦敦的烟灰沉积量的测量开始加强了人们需要进一步立法的认识。《野性的呼唤》(*Call of Wild*)的作者杰克·伦敦(Jack London)在书写他有关伦敦穷苦人的书《深渊里的人们》(*People of the Abyss*)[7]时,曾对烟尘的沉积量做了一个有些夸张的描述:每周每平方英里 24 吨。无疑,与当下流行的克或者毫克量的沉积相比,使用"吨"这个单位具有对人的心理上的巨大优势。在试验性实验之后,由《柳叶刀》所属实验室更为仔细地收集的沉积数据开始在 1912 年出现。[8]这些数据表明,每年在伦敦行政郡落下的烟灰量为 76 000 吨。这种以在整个郡治范围内的烟灰下落量表达烟灰下降量的方法甚至要比杰克·伦敦使用的方法更加具有心理冲击力。

1913 年,代表罗奇代尔(Rochdale)①的国会议员戈登·哈威(Gordon Harvey)试图让下院通过一项从法令全书上删除制造麻烦的"黑色"这个词的议案。他没有成功。上议员牛顿试图把这个议案提交上议院,但在议会宣布将成立一个检查这一问题的委员会之后,这一议案被收回了。随后这个问题就因为第一次世界大战而搁置。但是,停战协议签订仅仅 4 个月之后,该委员会就

164

① 英格兰西北地区的一个城镇,属于大曼彻斯特。——译者注

努力尝试利用战后重建计划的机遇,但很清楚的是,这个国家还沉溺于自己的开火情结而不能自拔。尽管如此,该委员会的报告确实强调了,对一切工业来说,使用实际可能的最佳手段防止(任何颜色的)烟气的必要性。在1921年的煤矿罢工期间,伦敦人受到了美妙的清洁空气的提醒,其状况与在约翰·伊夫林时代的人们在伦敦重建期间因纽卡素尔煤源堵塞而受到的提醒如出一辙。[9]

随着整个20世纪20年代的最初几年给政府带来的变化,人们进行了几次尝试,希望建立能够与烟气问题斗争的有效立法。法律是存在的,但每个人都承认,由于存在着过多的豁免条件和过多的弱点,这些法律先天不足,难当重任。法律问题的中心困难是如何定义烟气本身。早期的"碱业法案"不存在这个问题;因为这些法案只是对可以排放的盐酸量做出了限制,但烟气不是这样的一种简单物质。人们在某个阶段定义了一个叫作"穆尔克(murk)"的单位,但遗憾的是后来又忘记了曾经有过这么一个东西。人们设计了一种优雅的仪器来估计烟气的黑暗度(见图8.1),后来它也从科学仪器供应商的商品目录中消失了。

165 1926年见证了"公共健康(烟气减排)议案"的通过。这一法案是一件相当脆弱的立法,它在下院通过的过程中受到了大大的削弱。尽管如此,最后通过的法案还是勉为其难地删去了"黑色"这个词,并把证实确实采用了实际可能的最佳手段(the best practicable means)的责任放到了污染者的肩上。但家居污染是议会不肯让步的问题。尽管由于其既得利益,电力公司和煤气公司现在与烟气减排的游说集团携手对敌,但英格兰人希望保留呼啸着的火焰的权利是神圣不可侵犯的。国会议员斯多里·迪恩斯

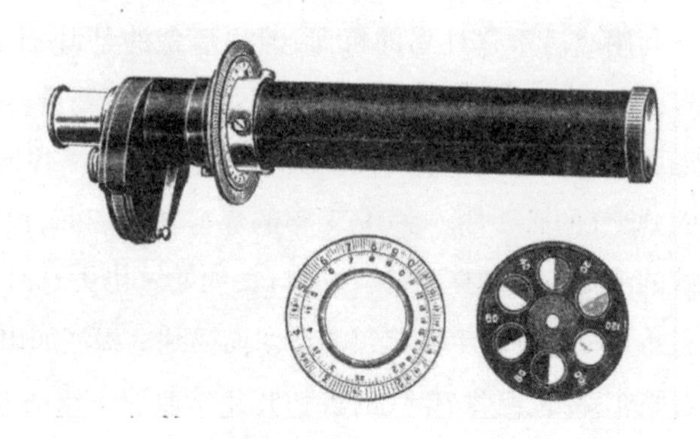

图8.1 B.J.赫尔先生伙伴公司用以测定烟气的色调的碳基测量仪。测量者通过望远镜观察烟气，并将烟气色调与覆盖了视野一半面积的标准色调加以比较

(Story Deans)说："尽管人们可能会告诉我，我的煤火(coal fire)产生的烟气参与了毒杀外面的人，但我还是非常情愿使用煤火，而不愿意在我自己的房子里被煤气火(gas fire)毒死。"[10]尽管这种态度具有与生俱来的自私，它却代表了一个时代的自由所发出的最后呼喊，这种自由就是：人们在自己的壁炉里烧什么东西取暖是他们自己的选择。现代文明的复杂形势最终连这个权利也会侵犯，但人们还有一段路要走。事实证明，定义"实际可能的最佳手段"并不比定义黑色烟气来得容易。尽管牛顿委员会为一些地方标准的设立提供了一些条件，但某些人还是可能会找到一些专家，让他们在法庭上说服法官，说厂家已经运用了实际可能的最佳手段，尽管烟气排放量的水平现在仍旧不如人意。到了1932年，人们已经按照法律构建了155个与烟气减排有关的权威机构，但总的来说，这些机构只不过与黑烟和黑烟的排放期间有关系。

7年之后,世界又一次投入了大战。全国烟气减排协会的领导权落入了查尔斯·甘地(Charles Gandy)之手。与300年前的约翰·伊夫林一样,他意识到,在一场危机之后的伦敦重建将为无烟区的建立提供巨大的可能性。1946年,伦敦市(各种权力机构)法案和曼彻斯特市政府法案允许这两个城市建立无烟区。当一个无烟区的议案草案在考文垂受到反对时,一次公民投票以压倒优势成功地令其成为法案。至少在一些地区,公共舆论现在对环境问题变得敏感起来了。与烟气控制技术一样,环境立法的进步在战后的年月里发展得更为迅猛,但所有这些变化与1952年的"大雾霾"催生的变化相比,都只不过是小巫见大巫而已。

"杀手雾霾"[11]

烟气与雾的混合物在伦敦上空凝聚不动,这是维多利亚时期人们司空见惯的事。1905年,德斯·沃克斯提出,可以把这种混合物命名为"烟雾(smog)"。这个词带有这样神奇的组合意义,这让人们一直沿用至今;而且它还被以越来越高的频率应用到与烟气和雾都没有关联的现象之上,例如洛杉矶的光化学"烟雾"。在整个20世纪上半叶,著名的伦敦烟雾似乎变得稀少了些,由它们带来的死亡率增加也仅仅在医学史上被人所铭记。的确,在此期间也有一两次严重的雾期,但它们只是让人想起过去那些大雾的线索而已。 166

看上去,罗伯特·巴尔《伦敦的末日》的预言将永远仅仅停留在小说里,但事实证明,这一点并非完全如此,因为伦敦即将迎来它的大雾霾。让我们想起巴尔的预言的是,在1952年的大雾霾发生前的那一周,伦敦的天气相对良好。每一天都有和煦的清风吹拂,也有丝丝缕缕的阳光时而闪现。但到了星期四,12月4日,气候条件开始恶化。风势减弱、空气中潮气加重,天空由蓝转灰。一个慢慢移动的反气旋来到了,并且在伦敦市上空停滞不前。到了星期四晚上,人们已经可以清楚地看出,伦敦将降大雾。

当星期五终于来临的时刻,伦敦的景色与狄更斯描述的情景活脱脱毫无二致。只见——

> 迷雾无处不在。迷雾沿河而上,河流在河中的绿色小岛与河边的草地之间穿行;迷雾沿河而下,河流在那里翻滚着,在一排排运输船只中间,受到水边来自一个庞大、肮脏的城市的污染物的玷污。迷雾笼罩着埃萨克斯的沼泽,迷雾徘徊于肯特郡的峰峦之间。迷雾爬进了运煤双桅帆船的厨房;迷雾在院子里重叠延伸,在巨大的船只的索具上空盘旋;迷雾低垂在驳船和小船的船尾的甲板旁边。迷雾在年老的格林尼治养老金领取者的眼睛和喉咙里蠕动,在他们的小室里的炉子旁喘息;迷雾进入了愤怒的船长死死关闭的船舱,在他下午抽烟的烟斗柄和前斗上跳跃。迷雾残酷无情地夹痛了甲板上船长学徒童工颤抖着的手指和脚趾。[12]

那个星期五上午的大雾比许多人记忆中的任何雾都更浓。整个一天,大雾越来越浓。到了下午,人们已经开始感到不舒服了,并感到了空气中令人窒息的气味。那些在雾中行走的人发现,只过了一小会儿,他们的皮肤和衣服就变得相当肮脏。到了星期五的夜里,因呼吸道疾病接受治疗的病人已经达到了正常水平的两倍,空中的反气旋也完全静止不动了。100 万座烟囱向雾气弥漫的呆滞空气排放着烟气。伦敦市居民试图驱散寒冷和阴沉,这让污染变得越来越厉害。

大雾到了星期六依旧未曾散去。没有徐来的清风,吹不去苍茫的雾气。随着能见度逐渐趋近于零,交通系统在艰苦挣扎,最后终于完全瘫痪了。人们还在遭受折磨,有人死于非命。如同 1873 年的大雾一样,人们必须宰杀前来参加牲畜大奖赛的动物。星期天的时候雾还在继续,死亡也在继续。紧急救护服务已经无法以任何有效的方式对急病呼救作出反应了。很可能没有多少人察觉,正在降临到他们头上的是怎样的一种灾难。换作是维多利亚时代的人们,他们会知道,这样的大雾具有令人致死的能力,但在 20 世纪,这样的雾已经是很不常见的事情了。星期一早上,天气状况似乎略有好转,交通服务逐渐有了生气,尽管还存在着大批误点的情况。星期二,大雾霾结束。

168

很难准确地描述到底发生了些什么事情。当时在伦敦运行的空气污染监控设备还是相当原始的,它们的设计用途主要在于对空气污染物浓度的长期测量。用它们来显示在整个事件中发生的迅猛变化并不很合适。这就意味着,有些人相信,官方的测量不准确,还有些人认为这些测量受到了干扰。尽管如此,在大雾霾后发表的这些测量数据似乎还是对事件做出了一个前后一致的描述。图 8.3 对比了二氧化硫和烟气的浓度与死亡的人数。这里的数值给出的是 12 个不同的伦敦测试站测得的平均数,因

图 8.2　伦敦 1952 年大雾霾的照片

此一些地点确实会经历更高的烟气水平。数据中记录的最高日平均浓度是 4460μg/m^3，但在较短的时间间隔内这些数字会高得多。国家艺术画廊的空调系统的过滤器通常很长时间才会因来自伦敦空气中的微粒物质的沉积而堵塞。但在大雾霾期间的一天里，过滤器的堵塞速率是平常速率的 26 倍，而在一个 4 小时的时间间

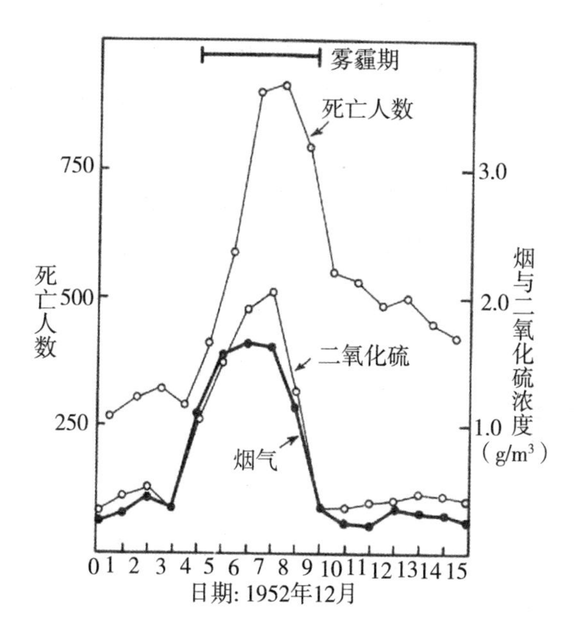

图 8.3 伦敦 1952 年大雾霾期间的死亡人数和污染物浓度

隔内,它们被堵塞的速率是平常速率的 54 倍。如果我们假定,伦敦空气通常的烟气携带量大约为 250μg/m^3,那么,在这 4 小时内,国家艺术画廊内烟气的最高浓度或许高达 14000μg/m^3:这是一个高得惊人的污染水平,尽管存在着雾对微粒物质的凝聚性质有影响的可能。在后来的伦敦污染事件中测得的每小时最高浓度是 7200μg/m^3。

169

当议会在圣诞节休会之后再次聚会时,政府部长们受到了万炮齐发式的问题的轰击。似乎政府一方对于新立法没有什么热情,部长们把人们的注意力转到了根据 1936 年的"公共健康法案(Public Health Act 1936)"而让地方团体获得的权力上面。然而,雾霾是不可能不受到注意的，它成了 1953 年的比弗委员会（Beaver Committee）的调查对象，该委员会的最后报告在 1954 年公布。这一报告并没有太多的独创之处，但依然是非常重要的，因为它把过去几十年中积累起来的有关烟气减排的许多想法集中到了一起。由于在之后几个月内持续存在的压力，政府无法忽视这份报告。

政府本来可能会对比弗报告中的推荐事项采取死气沉沉的应对，但杰拉尔德·纳巴罗（Gerald Nabarro）以个人的名义向下议院提出了一项清洁空气议案，这种先发制人的措施阻止了政府的这种可能反应。只是当人们确信，政府将致力于推出一项自己的议案时，纳巴罗才收回了他的议案。政府的议案于 1955 年底在议会投入辩论。反对党和纳巴罗都批评这项议案过于弱势。有人说英国工业联合会曾插手了这项议案的草拟工作。该议案准许工业界在 7 年之后才必须完全遵照议案的规定行事。“可行性（practicability）”与“合理性（reasonable）”这两个词都再次成为该立法中起主导作用的特点。立法也不会强制当地权威机构建立无烟区。在大选期间，两大主要政党都支持空气污染改革，新政府最后于 1956 年 7 月 5 日颁布了“清洁空气法案”。

更为清洁的空气

或许，1956 年的“清洁空气法案”中最为根本的要素是，它是第一项试图与控制来自工业的污染源一样控制家居污染源的立法。这项法律还是只局限于烟气，但它禁止深颜色的烟气。关于黑色烟气、深颜色的烟气和其他色调的烟气的问题以前就曾出现过,因此这一次它必须给颜色一个定义。法案把深颜色的烟气定义为任何颜色深于林格尔曼烟色图的二号格架中的颜色的烟气(见图8.4)。正如我们可以从为了更为清洁的空气而进行的长期斗争中看到的那样,人们必须提高公众对其重要性的认知。少数几位理想主义活动分子奔走呼号、鼓吹改革的施压是不起作用的,改革必须有公众的普遍支持。公众的自由毕竟会因为对于更为清洁的空气的渴望而受到限制,因此,必须让全英国的人民大 170

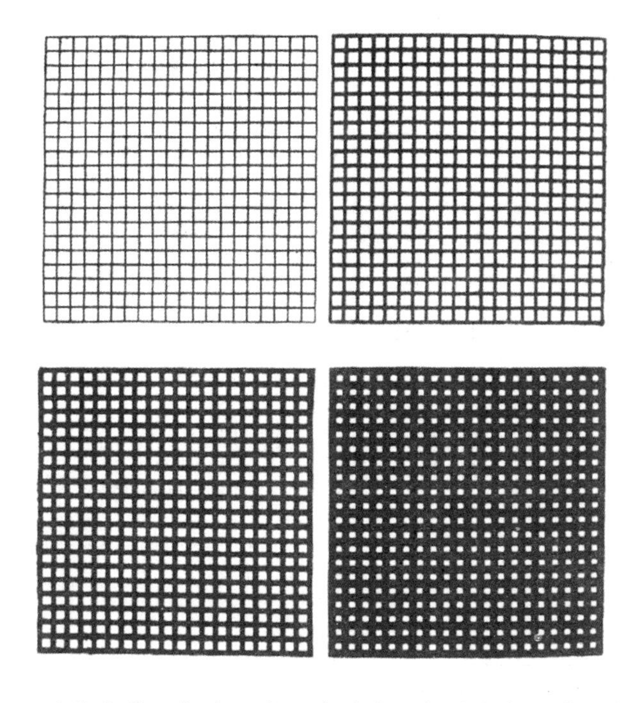

图8.4 林格尔曼烟色图;比较烟气的色调与图上色调的方法是:手把烟色图,将其放在待测的烟气内,在一定的距离下,某张方格图案上会呈现均匀的灰色色调,该图案的色调就是烟气的色调;林格尔曼烟色图1号方格显示的是白色,5号方格显示的是黑色

体上弄清楚,他们的牺牲与更为清洁的大气将会带来的巨大好处相比是微不足道的。1952 年的大雾霾把受到污染的空气的坏处展现得如此明显,这让正在为大选而战的政党十分清楚地看到,在这个问题上采取的行动将得到公众的广泛支持。

自然,我们并不能简单地说,是理想主义最后赢得了持怀疑态度的公众和议会的支持。在 19 世纪的烟气减排团体中存在着渴望变革的极大的热情。如果没有正在发生变革的社会条件,即使 1952 年的大雾霾也不会成为取得成功的同盟军。如果人们还有仆人们为他们清洁肮脏的壁炉和火炉,谁会为变革施加压力?如果人们没有对电和煤气合理定价,谁会为由于禁用便宜、有效地取暖燃料而变得冰冷的家奔走呼号?

171 "清洁空气法案"让地方政府得以设立烟气控制地区(人们常称之为无烟区),在这些地区之内,家庭和工来排放的深颜色烟气可以受到限制。在伦敦,烟气控制覆盖了 90% 以上的城区。这一法案的实施遭到的反抗之小令人瞩目。比弗委员会把英格兰境内的 294 个区域定为"黑色区域",它们极需烟气控制。到了地方政府在 1974 年重组的时候,除了 14 个地方当局之外,所有其他地方当局都采取了某些步骤来实施这一法案。建立无烟区是地方政府的责任,并不是由白厅强令执行的指示,因为当地的合作对于成功具有根本的意义。总的来说,人们对于新立法有热情,但也有拖延现象。无烟燃料短缺,市民对此反应冷淡以及拒绝让矿工们保留他们节省下来的免费煤的不切实际的做法,这些都干扰了在地区水平上启动无烟区的建设,人们对此多有提及。任何人如果受到拟议中的烟气控制立法影响,都可以向国务大臣上诉,但这类上诉很少见,而一旦上诉却遭驳回的案例就更少见了。[13]与大雾霾发生的时刻相比,今天空气中的烟气总量已经降低了80%。烟气的降低是通过对工业的控制实现的,那里使用的高档次的烟气阻留设备和高大烟囱一直很有效。家庭污染源现在应该对空气中90%以上的烟气负责,但即使如此,这些家庭排放也在过去20年中有了显著的下降。

在居民用户必须转而使用无烟燃料或者使用电的同时,法案要求新建的工业用熔炉必须“在实际允许的条件下尽可能的”无烟。对于实际可能性的定义权留给了当地政府,在必要的情况下可以由法庭定义;但在实际过程中这一点并没有造成许多困难。法案也规定了几种可以豁免的情况。一座熔炉从冷炉开始使用时,或者在拆迁场地焚烧垃圾时,可以允许有短期的烟气排放。

相当明显的是,这一法案只局限于烟气,尽管我们知道,在英伦群岛上的许多因污染而发生的损害是二氧化硫引起的。因此,人们看上去好像没有采取任何措施,立法禁止二氧化硫的排放。现在还不存在能从烟囱气体去除二氧化硫的简单方法,因此预期在家庭烟囱内安装装置而从排放中去除硫,这是一种不切实际的想法。即使对于大型的工业排放,能够去除二氧化硫的情况到现在为止还是不常见的。然而,我们眼前的图画并非一团漆黑,因为烟气控制区的引入确实降低了二氧化硫的家庭排放,特别是在那些转而使用电、煤气或者低硫油类燃料的地方。近来人们对用于无烟区内的固体燃料的选择更为仔细,其中许多关注集中在这些燃料的含硫量方面,尽管事实上,这种考虑并不是法定的要求——这只是立法的灵活性在执行的时候偏向环保的一个例子,

172 尽管有人会争辩说这种情况甚为罕见。

伦敦空气质量的改进至少可以说是非常戏剧性的。图 8.5 总结了有关许多污染物水平长期变化的可以得到的信息。这些

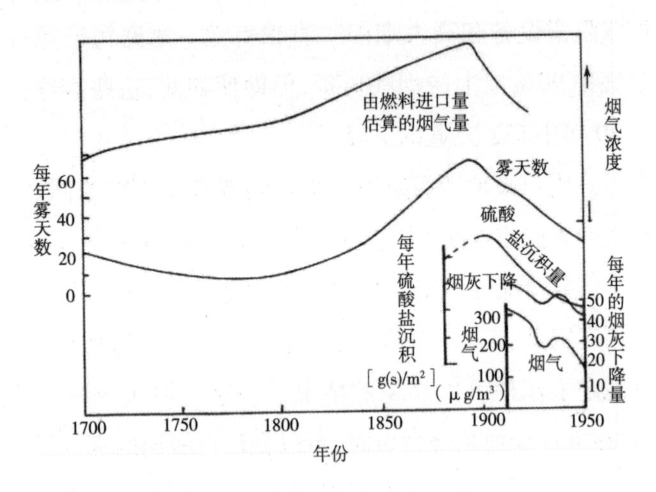

图 8.5　自从 18 世纪①以来的伦敦空气污染，比较有雾期间的估算值与后来的测量值

信息中包括根据经济数据反推至 18 世纪的空气污染估算值、雾的测量值以及更为近代时期的污染物实际测量值。我们看到的图景令人深受鼓舞，它说明，一旦具有足够的决心，社会可以在变得更加富足的同时减少污染的困扰。伦敦曾经是在比弗的地图上的一个“黑色”区域，是文学作品中的雾都，是欧洲最为肮脏的都市，今天，它或许与这些极端的“美名”再无瓜葛。尽管伦敦偶尔还会出现大雾，但许多人们眼睛里相当干净的小城镇的烟气有时比首都还更浓郁。[14]

① 原文为“17 世纪”，与图中年份不符，应该改为“18 世纪”。——译者注

然而,我们并没有任何洋洋自得的理由。伦敦有着庞大的城市规模和能源使用,这就意味着,它现在具有的硫元素水平仍然高于许多欧洲城市。尽管人们越来越多地转用低硫燃料和天然气,但空气中含有的二氧化硫浓度水平不大可能继续下降太多;事实上,如果有任何偏离使用低硫燃料倾向的情况发生,这一水平可能会向坏的方向转变,而随着愈演愈烈的燃料短缺现象,偏离使用低硫燃料倾向的情况并非不可能发生。由大伦敦议会的科学部门于近期进行的一次彻底调查的结果强调显示了伦敦的排放数字。[15]在从1975年4月开始的一年中,在大伦敦地区内,通过燃烧过程排放的二氧化硫量不低于179 000吨。排放的分布可见图8.6。

173

对二氧化硫的控制并非1956年的"清洁空气法案"明文规定的部分,这一事实意味着,需要有一份立法实体涉及这方面的问

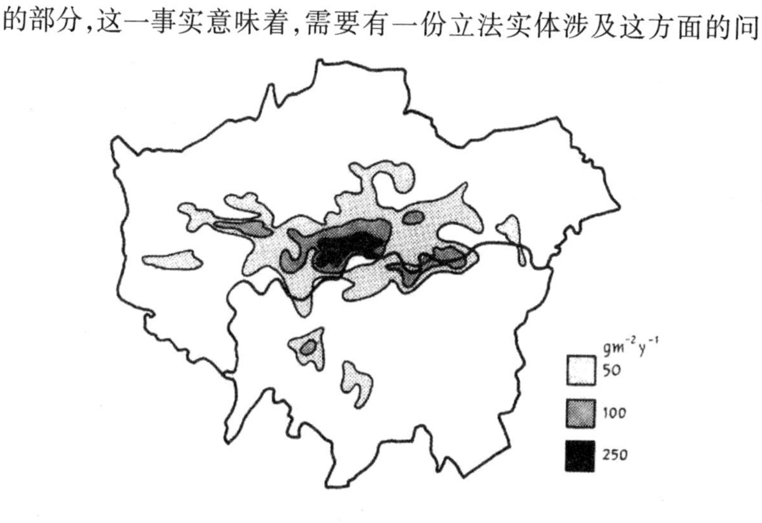

图8.6 20世纪80年代初期伦敦的硫排放分布

题，而且说实在的，这份立法应该涵盖大气中一切污染物。1972年，伦敦市政府根据“伦敦市（各种权力机构）法案”得到授权，将把伦敦市区内3平方千米内的燃料硫含量限制到1%以下。从未出现过一份涵盖大气中的二氧化硫的全国性法律，因为1974年的“控制污染法案”承认环境是一个单独实体，并以不同的控制方式处理空气污染、水污染、垃圾处理和噪音妨害的各个领域，[16]这就让这样的全国性法律没有单独出台的必要性。尽管1974年的法案是在1956年的“清洁空气法案”基础上的一项改进，但它被法律“采纳”的过程堪称缓慢。环境污染问题的皇家委员会的建议甚至比“控制污染法案”走得更远。这些建议保留了典型的英国政策中“实际可行的最佳手段”一说。尽管该委员会反对把设定空气质量标准作为空气污染控制的一个特定框架，但其政策提174 倡在空气质量指导方针的帮助下做出决定的必要性。或许更为激进的是，让碱业检查机构归于一个新的中央级机构——皇家污染检查总署（Her Majesty's Pollution Inspectorate）的架构之内，该检查总署将能应付环境问题日益增长的复杂局面，并寻找实际最可行的环境选择。

即使最夸张地说，改善市区空气质量的想法与环境法结合的速率也不算快。幸运的是，有些地方政府并没有一味等待立法的催促。大伦敦市议会设立了自己的空气质量指导方针，人们现在正把这一方针用于研究与计划。正如我们在前面看到的那样，伦敦市已经把燃料的硫含量限制到了1%以下。[17]其他一些城市如考文垂和诺维奇也建立了它们自己的防治污染专门小组：这些是些志愿团体，它们鼓励公共卫生官员、企业化学家和学术界之间的非正式会议,以便相互交流对于当地污染问题的看法。

将来的环境立法很可能会在欧洲议会的框架之下发展,[18]该议会已经变得越来越关心环境污染问题。尤其是,因为空气团的流动完全不考虑政治上的国家疆界,所以污染已经成了一个需要国际关注的问题。迄今为止,欧盟委员会内部的冲突多于进展,其中英国坚定地保卫自己的实践行动哲学,反对人们眼中的欧洲大陆理想主义。看上去不可避免的是,各中央政府将会对空气和污水中许可存在的污染物浓度水平设立越来越严格的标准,尽管这样的标准将在何种程度上成为指导方针或者继续作为可强制实施的法律限度,这一点我们尚且不得而知。

欧洲委员会已经采用了一项草拟指示,该项指示涵盖了燃料中的硫含量,有关铅、烟气和二氧化硫在空气中的质量标准,来自动力车辆的发动机的排放和汽油中的铅含量等方面。这项立法要求比现存法律更为严厉地控制污染。进一步降低二氧化硫的水平正变得越来越困难,代价也越来越昂贵,如果要达到欧洲委员会指示的标准,人们就必须对此投入最大的关注。源出英国本土的法律对于二氧化硫的排放或许不像欧洲立法那样严格。然而,来自欧洲大陆要求英国降低二氧化硫排放水平的压力还会持续存在。

似乎只有烟气和更晚些时的二氧化硫才一直是那些提倡更为清洁的空气的人们主要关心的事情。这一点并非全无理由,因为这些污染物当然已经在英格兰的城市中造成了一些极其严重的麻烦。但今天之所以有些不那么常见的化合物被排放进空气中,完全是拜我们日益精良的技术所赐,而还有一个值得注意的问题却基本上没有得到关注——尽管这在事实上对于最早期的人类来说就已经是一个问题了，这就是气味控制。这可以成为一个极端困难的问题，而且在一些情况下，即使在应用了实际存在的最佳手段的情况下，人们也不得不关闭一些工厂，因为它们无法把气味降低到可以接受的水平。众所周知，对于气味的监控是非常困难的，而定义有害的气味显然就更加麻烦了。或许听起来，巧克力或者啤酒的气味飘荡到郊区不会那么令人厌恶，但有些在其他方面未受污染的地区却因为无法接受的嗅觉袭击水平而受到损害。[19]

175

其他空气污染物

一氧化碳主要是因为汽车引擎内的燃料燃烧不完全而产生的。它无嗅无色，但却有毒。一氧化碳具有毒性的原因在于它可以与血液中的血红细胞形成紧密结合，这就阻止了后者将氧传递到身体组织中。在交通高峰期，人们预期伦敦空气中的一氧化碳浓度为20－30ppm①。长期处于一氧化碳的这种浓度之下可能导致分辨声音、图像或时间间隔的能力的暂时损伤。头痛也是暴露于这种毒气下会造成的后果之一。然而，让血液中的一氧化碳浓度达到最高水平的污染物通常是烟气而不是汽车污染。[20]

人们发现，铅在伦敦空气中的浓度可以高达4.1$\mu g/m^3$，但这种程度的铅会引起的准确生理作用尚不得而知。环境中的铅似

① 百万分之一。——译者注

乎可以被儿童摄取,而这正是最大的潜在伤害之所在。市区环境内的铅来自发动机燃料的燃烧,这些燃料中含有作为防震爆剂的四乙基铅。但是,为与一项欧洲共同体指令保持一致,1976 年的发动机燃料汽油铅含量规定要求,从 1977 年起,汽油中的含铅量不得高于0.45g/l。欧洲共同体的建议也要求,城市居民区大气中的铅浓度年平均水平不应该超过 $2\mu g/m^3$。总的来说,如果在英国采用这一标准,似乎英国城市不难达标。[21]

甚至比上述污染物更为令人担心的或许是一组新的污染物,它们实际上是在伦敦上空的空气中生成的。尽管通过大气中的光化学反应生成的污染物或许一直在伦敦的空气中有少量存在,但正是"清洁空气法案"所渴望的清洁空气参与了增加这种污染的过程。更为清洁的空气意味着更多的阳光照射,因此在市区空气中的污染物就发生了更多的光氧化反应。伦敦已经开始出现通常只有洛杉矶才会有的烟雾。[22]

光化学烟雾问题的根源是氮的氧化物 NO 和 NO_2,有时候人们把它们统一写成 NO_x 的形式。氮气是空气中的主要成分之一,它与氧气一起被吸入燃烧发生的处所,一氧化氮(NO)是大气中存在的氮气在燃烧过程中被氧化形成的。汽车是这种气体在市区的非常重要的来源。一氧化氮容易进一步氧化①,这种反应在碳氢化合物(来自未燃烧的燃料)和光存在的情况下可以很快: 176

$$CH_4 + 2O_2 + 2NO + 光 \longrightarrow H_2O + HCHO + 2NO_2$$

① 此处原文为 nitrous oxide,即一氧化二氮,应该是一个失误;根据内容,特改为一氧化氮。——译者注

甲烷(CH_4)是大气中的一个成分;在上面的化学反应方程式中,我们用它作为一个说明问题的例子,代表大气中的碳氢化合物。在光化学反应中,甲烷被氧化成为甲醛(HCHO)。人们怀疑甲醛有致癌作用,因此大家不希望这种化合物在大气中存在。一氧化氮(NO)的氧化将生成二氧化氮(NO_2),这种氧化反应将以某种方式打破这两种氮的氧化物和大气中的臭氧之间的微妙平衡,迫使臭氧的浓度提高到比原来高得多的水平。

人们近年来对于伦敦大气中的臭氧的测量历史还太短,没有涵盖足以让人们得出结论的时期,但已有的数据已经让人有理由感到担心。1976 年的夏天不单单以它雨量的缺乏而让人注目,在这期间伦敦也经历了它历史上最为严重的光化学烟雾期。人们在 6 月 27 日记录的平均小时臭氧浓度为 21.2pphm(1pphm 为 1 亿分之一)。大伦敦政府用 8 pphm 平均小时作为臭氧浓度的指导数据,这期间的记录浓度超过了这一指导数据一大截。在 1976 年夏季 37% 的日子里,大伦敦的测试点中有一处或两处的数字超过了这一指导数据。有些人认为,现在在伦敦空气中偶尔发现的高臭氧水平有可能会使那些对二氧化硫在肺部的作用敏感的个体的病情加剧;[23] 考虑到这一点,臭氧的高水平浓度尤其令人担忧。

市区空气中的某些氮的氧化物可能会与空气中部分氧化的有机化合物发生反应,生成 PAN 一类化合物,这类物质是在光化学烟雾中存在的主要刺激性物质(PAN 的正式名称是硝酸过氧化乙酰,化学式为 $CH_3COO_2NO_2$)。它也可能是一种致癌物质。1976 年夏季出现了眼睛受到 PAN 和与其相关的光化学污染物刺激的报告,人们很容易地就可以把这件事与大气中出现的高水平臭氧浓度联系到一起。光化学氧化剂造成了对植被的损害,虽然我们不知道在1976年的事件中这一损害的程度。然而,从伦敦向外散布的光化学污染物可能在下风100千米外还很明显。高水平的臭氧浓度也对各种材料造成了损伤。橡皮开裂了,而且,尽管还没有确定的证据说明伦敦也发生过这样的事情,但有一些迹象表明,一些合成纤维出现了褪色现象,这让我们想起了罗伯特·波义耳约300年前的建议。

光化学烟雾中具有高度氧化性质的成分可以把存在于空气中的二氧化硫氧化为硫酸。氮的氧化物也可以被氧化成硝酸。硫酸与硝酸一起可以形成一层烟雾,让能见度降低。在1976年的光化学事件发生的时候,人们经常可以观察到这样的大气烟雾。除了烟雾之外,在有些天里,人们还可以在接近地平线的地方观察到呈褐色的色调。

177

在大气中产生的光化学污染物的产物母体主要来自汽车。私人车辆显然也与铅在市区大气内发生的散布有关。因此,要控制这种污染的特定来源,就意味着必须再次明显地限制个人的自由。

今后,我们可以预料得到的是,出于财政的考虑和有限的能源受到的越来越大的压力,保持市区大气不受污染将会变得越来越困难。但无论我们心中存在着多么强烈的怀旧心理,让我们有一天重新回到那些充满了“伦敦特色”的日子里去,这也是无法想象的。持续增加的公众认知将保证不会发生这样的事情。随着现代技术所需要的物质范围的扩大,空气受到一些物质污染的危险性也在扩大;这些物质在市区大气的复杂基体中所起的作用是人们尚未知晓的。人们将要面临的危险经常是不可预测的,这是一个悲剧,但也是事实。当人们无法预测危险时,他们应该有尽可能迅速地对危险作出反应的意愿,这一点显然是重要的。让我们希望,我们可以继续改善环境,同时我们也不需要一个像光化学大烟雾一样的东西来刺激我们的想象力。

注　释

1. Marsh, A. (1947) *Smoke*, Faber & Faber, London.
2. Fitzgerald, (1939 – 40) 'Report on investigation on the cost of smoke', *Smokeless Air*, 10, (39 – 40)。Russell, R. (1888) 指出了清洁银器所需的花销,见 *Smoke in Relation to Fogs in London*, National Smoke Abatement Institute。Digby, Sir K. (1658)也在比他早得多的时候注意到了这一问题,见 *A Discourse on Sympathetic Powder*。
3. 伦敦地铁公司的工程师将会很乐意为愿意聆听的人们解释蒸汽火车让地下隧道变黑这一现象。蒸汽火车造成的污染本身就是一个课题;可以在 Alcock 的论文中找到有关这个问题的一个短小精干的讨论,见 Alcock, G. R. (1949) 'Is the brick arch necessary?', *The Model Engineer*, 596 – 8。也可见于'Smoke prevention on railways', *English Mechanic and Mirror of Science and Art*, 5 (1867), 290; Caruthers, C. H. (1905) 'Early experiments with smoke-consuming fire boxes on American locomotives', *Railroad Gazette*, 39, 514。
4. 很显然,在雷达出现之前的那些年里,烟气对于飞行员来说是不小的危险。
5. ……但很清楚的是,后来他对他的标题的精神实质坚持得比我更甚。
6. *Evening Standard*, London 8 December 1945; *Evening Standard*, London 19 January 1946. 从一位我们或许情愿忘记的作家笔下也可以找到同样情调的作品:C. D. (1921) *Chimney Smoke*, George H. Doran, New York;

At night I opened	The fire that sparkled
The furnace door:	Blue and red
The warm glow brightened	Kept small toes cosy
The cellar floor.	In their bed

178

As up the stair
So late I stole
I said my prayer:
Thank God for coal!

7. London, J. (1904) *People of the Abyss*, Macmillan, New York.

8. Anon, (1912) 'The sootfall of London: its amount, quality and effects', *The Lancet*, 47 – 50.

9. Shaw, N. and Owens, J. S. (1925) *The Smoke Problem of Great Cities*, Constable, London.

10. 这个让人窃笑的事件和许多其他东西可以在 Ashby, E. 与 Anderson, M. 的第三篇论文中找到:(1977) 'Studies in the politics of environmental pollution: the historical roots of the British Clean Air Act, 1956: III', *Interdisciplinary Science Reviews*, 2, 190 – 206。英格兰人渴望保留他们的呼啸着的火焰,这一点也可以在 Bevan 和 Baines 的文章中找到:Bevan, P. (1872) 'Our national coal cellar', *Gentleman's Magazine*, NS9, 268 – 78, and Baines, Sir F. (1925) *J. Roy. Soc. Arts*, 73, 453。

11. 这一部分的标题和许多背景来自 Wise, W. (1968) *Killer Smog*, Rand McNally, Skokie, IL。这是一份对于整个雾霾经历的半小说式陈述。更多的描写可见于 Ashby, E. 与 Anderson, M. (1981) *The Politics of Clean Air*, Oxford University Press。

12. Dickens, C. (1852 – 3) *Bleak House*, Bradbury & Evans, London, published in parts.

13. *Royal Commission on Environmental Pollution* (1976) 5th Report.

14. 1952 年以后发生的雾可参看表 6.2,第 114 页。有关全球方面的对比,见 de Koning, H. W., Kretzschmar, J. G., Akland, G. G. and Bennett, B. G. (1986) 'Air pollution in different cities around the world', *Atmospheric Environment*, 20, 101 – 13。

15. Ball, D. J. and Radcliffe, S. W. (1979) *An Inventory of Sulphur Dioxide Emissions to London's Air*, GLC Res. Report 23, GLC, London.

16. Bennett, G. (1979) 'Pollution control in England and Wales', *Environmental Policy and Law*,5,93 -9.
17. Manifold, B. (1979) 'The European Commission and its influence on pollution control in the United Kingdom', *Environ. Health*,87,121.
18. 同上,以及 *Official Journal of the European Communities*,no. C54/79。
19. Henderson-Sellers,B. (1984) *Pollution of Our Atmosphere*, Adam Hilger Ltd, Bristol.
20. Perkins, H. C. (1975) *Air Pollution*, McGraw-Hill, New York.
21. Manifold, B. (1979) 'The European Commission and its influence on pollution control in the United Kingdom', *Environ. Health*,87,121.
22. Apling, A. J., Sullivan,E. J., Williams,M. L., Ball,D. J., Bernard,R. E., Derwent,R. G., Eggleton, A. E. J., Mapton, L. And Waller, R. E. (1977) 'Ozone concentrations in South-East England during the summer of 1976', *Nature*, 269, 569 -73; Ball, D. J. (1978) 'Evidence of photochemical haze in the atmosphere of greater London', *Nature*,271,372 -6.
23. Hazucha, M. and Bates, D. V. (1975) 'Combined effects of ozone and sulphur dioxide on human pulmonary function', *Nature*, 257,50.

注释书籍

有关空气污染史的书籍相对稀少。读一读《伦敦的空气和烟气造成的麻烦的消散……》这一经典著作是一个不错的选择,但该书不易找到现代版本。有关范围较广的空气污染这一题材的书籍则浩如烟海,很难决定应该推荐哪一本。有关这一工作的各个专门方面都有大量科学论文。从本书每一章结尾处的注释中可以找到有关参考论文的出处。

Ashby, E. and Anderson, M. (1981) *The Politics of Clean Air*, Oxford University Press. 这部书对于英格兰自 19 世纪以来的空气污染立法的由来有着非常详尽的叙述。

Brimblecombe, P. (1986) *Air Composition and Chemistry*, Cambridge University Press.

Clayre, A. (1977) *Nature and Industrialization*, Oxford University Press. 可注意其中有关浪漫主义、艺术、文学和工业等部分。

Evely n, J. (1661) *Fumifugium, or The Inconvenience of the Aer and Smoak of London Dissipated...*, printed by W. Godbid for Gabriel Bedel and Thomas Collins, London. 最新的两次现代再版包括 *Fumifugium*,选于 J. P. Lodge 编的 *Smoke of London: Two Prophesies*, Maxwell Reprint Co., London, 和 *Fumifugium*, The

Rota. University of Essex, Colchester, (1976).

Galloway, R. L. (1898/1904) *Annals of Coal Mining and the Coal Trade*, reprinted David & Charles, Newton Abbot, (1971).

(1882) *History of Coal Wining in Great Britain*, reprinted David & Charles, Newton Abbot.

Henderson-Sellers, B. (1984) *The Pollution of our Atmosphere*, Adam Hilger Ltd, Bristol. 本书对空气污染进行了一般介绍。

Howe, G. Melvyn (1972) *Man, Environment and Disease in Britain*, David & Charles, Newton Abbot. 本书介绍了各个时代的医学地理学。

Nef, J. U. (1932) *The Rise of the British Coal Trade*, Routledge & Kegan Paul, London. 本书仍旧是一部杰出的著作,易于找到其再版版本。

Wise, W. (1968) *Killer Smog*, Rand McNally, skogie, IL. 这是一份对于整个 1952 年伦敦雾霾经历的半小说式陈述。

索　引

（索引中数字指英文版页码，即本书页边码）

读者联谊表

姓名： 大约年龄： 性别： 宗教或政治信仰：

学历： 专业： 职业： 所在市或县：

通信地址： 邮编：

联系方式：邮箱________________QQ__________手机____________

所购书名：____________________在网店还是实体店购买：________

本书内容：满意 一般 不满意 本书美观：满意 一般 不满意

本书文本有哪些差错：

装帧、设计与纸张的改进之处：

建议我们出版哪类书籍：

平时购书途径：实体店 网店 其他（请具体写明）

每年大约购书金额： 藏书量： 本书定价：贵 不贵

您对纸质图书和电子图书区别与前景的认识：

是否愿意从事编校或翻译工作： 愿意专职还是兼职：

是否愿意与启蒙编译所交流： 是否愿意撰写书评：

此表平邮至启蒙编译所，可享受六八折免邮费购买背页所列书籍。

最好发电邮索取读者联谊表的电子文档，填写后发电邮给我们，优惠更多。

本表内容均可另页填写。本表信息不作其他用途。

地址：上海顺昌路 622 号出版社转齐蒙老师收（邮编 200025）

电子邮箱：qmbys@qq.com

启蒙文库近期书目

里根与撒切尔夫人：政治姻缘 / 尼古拉斯 · 韦普肖特

德克勒克与曼德拉：用妥协和宽容重建南非 / 戴维 · 奥塔韦

德克勒克回忆录 / 弗雷德里克 · 威廉 · 德克勒克

俾斯麦与德意志帝国 / 埃里克 · 埃克

甘地自传：我追求真理的历程 / 莫 · 卡 · 甘地

米塞斯回忆录 / 路德维希 · 冯 · 米塞斯

世界土地所有制变迁史 / 安德罗 · 林克雷特

苏格兰：现代世界文明的起点 / 亚瑟 · 赫尔曼

发明污染：工业革命以来的煤、烟与文化 / 彼得 · 索尔谢姆

大雾霾：中世纪以来的伦敦空气污染史 / 彼得 · 布林布尔科姆

甘地与丘吉尔：对抗与妥协的壮丽史诗 / 亚瑟 · 赫尔曼

妥协：政治与哲学的历史 / 阿林 · 弗莫雷斯科

市场是公平的 / 约翰 · 托马西

如何治理国家：献给当代领袖的政治智慧 / 西塞罗

麦克阿瑟回忆录（全译本）/ 道格拉斯 · 麦克阿瑟

弗洛伊德传 / 彼得 · 盖伊

美利坚是怎样炼成的：杰斐逊与汉密尔顿 / 约翰 · 菲尔林

人的行为 / 路德维希 · 冯 · 米塞斯